21世纪高等学校规划教材 | 计算机应用

Visual Basic程序设计实验指导（第2版）

肖朝晖 张廷萍 主 编
王 艳 洪 雄 副主编

清华大学出版社
北 京

内 容 简 介

本书是 Visual Basic 语言程序设计实验指导用书，在第 1 版的基础上对知识体系重新进行了梳理，内容由浅入深、循序渐进，同时兼顾全国计算机等级考试的需要，增加相关题型分析。依据 Visual Basic 程序设计课程要求，按照教学安排配套设计、分类安排实验进度和内容，依次包括输入输出界面设计、程序结构设计、常用控件使用、数组函数使用、多窗体程序设计、菜单文件的设计、数据库综合实验，实现了循序渐进的教学实验体系，可以提高学习 Visual Basic 语言的效率。

本书可以作为 Visual Basic 语言程序设计课程的配套实验指导用书，也可作为单独学习 Visual Basic 语言程序设计的教学参考书。本书同时有配套的无纸化考试系统供高校教学使用。

图书在版编目(CIP)数据

Visual Basic 程序设计实验指导/肖朝晖，张廷萍主编. —2 版. —北京：清华大学出版社，2019(2021.1 重印)
(21 世纪高等学校规划教材·计算机应用)
ISBN 978-7-302-51977-5

Ⅰ. ①V… Ⅱ. ①肖… ②张… Ⅲ. ①BASIC 语言－程序设计－高等学校－教材 Ⅳ. ①TP312.8

中国版本图书馆 CIP 数据核字(2019)第 004675 号

责任编辑：贾 斌 李 晔
封面设计：傅瑞学
责任校对：李建庄
责任印制：沈 露

出版发行：清华大学出版社
网 址：http://www.tup.com.cn，http://www.wqbook.com
地 址：北京清华大学学研大厦 A 座 **邮 编**：100084
社 总 机：010-62770175 **邮 购**：010-83470235
投稿与读者服务：010-62776969，c-service@tup.tsinghua.edu.cn
质量反馈：010-62772015，zhiliang@tup.tsinghua.edu.cn
课件下载：http://www.tup.com.cn，010-83470236
印 装 者：北京鑫海金澳胶印有限公司
经 销：全国新华书店
开 本：185mm×260mm **印 张**：11 **字 数**：262 千字
版 次：2013 年 1 月第 1 版 2019 年 9 月第 2 版 **印 次**：2021 年 1 月第 2 次印刷
印 数：1501～2000
定 价：29.80 元

产品编号：073568-01

出版说明

随着我国改革开放的进一步深化，高等教育也得到了快速发展，各地高校紧密结合地方经济建设发展需要，科学运用市场调节机制，加大了使用信息科学等现代科学技术提升、改造传统学科专业的投入力度，通过教育改革合理调整和配置了教育资源，优化了传统学科专业，积极为地方经济建设输送人才，为我国经济社会的快速、健康和可持续发展以及高等教育自身的改革发展做出了巨大贡献。但是，高等教育质量还需要进一步提高以适应经济社会发展的需要，不少高校的专业设置和结构不尽合理，教师队伍整体素质亟待提高，人才培养模式、教学内容和方法需要进一步转变，学生的实践能力和创新精神亟待加强。

教育部一直十分重视高等教育质量工作。2007 年 1 月，教育部下发了《关于实施高等学校本科教学质量与教学改革工程的意见》，计划实施"高等学校本科教学质量与教学改革工程(简称'质量工程')"，通过专业结构调整、课程教材建设、实践教学改革、教学团队建设等多项内容，进一步深化高等学校教学改革，提高人才培养的能力和水平，更好地满足经济社会发展对高素质人才的需要。在贯彻和落实教育部"质量工程"的过程中，各地高校发挥师资力量强、办学经验丰富、教学资源充裕等优势，对其特色专业及特色课程(群)加以规划、整理和总结，更新教学内容、改革课程体系，建设了一大批内容新、体系新、方法新、手段新的特色课程。在此基础上，经教育部相关教学指导委员会专家的指导和建议，清华大学出版社在多个领域精选各高校的特色课程，分别规划出版系列教材，以配合"质量工程"的实施，满足各高校教学质量和教学改革的需要。

为了深入贯彻落实教育部《关于加强高等学校本科教学工作，提高教学质量的若干意见》精神，紧密配合教育部已经启动的"高等学校教学质量与教学改革工程精品课程建设工作"，在有关专家、教授的倡议和有关部门的大力支持下，我们组织并成立了"清华大学出版社教材编审委员会"(以下简称"编委会")，旨在配合教育部制定精品课程教材的出版规划，讨论并实施精品课程教材的编写与出版工作。"编委会"成员皆来自全国各类高等学校教学与科研第一线的骨干教师，其中许多教师为各校相关院、系主管教学的院长或系主任。

按照教育部的要求，"编委会"一致认为，精品课程的建设工作从开始就要坚持高标准、严要求，处于一个比较高的起点上；精品课程教材应该能够反映各高校教学改革与课程建设的需要，要有特色风格、有创新性(新体系、新内容、新手段、新思路，教材的内容体系有较高的科学创新、技术创新和理念创新的含量)、先进性(对原有的学科体系有实质性的改革和发展，顺应并符合 21 世纪教学发展的规律，代表并引领课程发展的趋势和方向)、示范性(教材所体现的课程体系具有较广泛的辐射性和示范性)和一定的前瞻性。教材由个人申报或各校推荐(通过所在高校的"编委会"成员推荐)，经"编委会"认真评审，最后由清华大学出版社审定出版。

目前，针对计算机类和电子信息类相关专业成立了两个“编委会”，即“清华大学出版社计算机教材编审委员会”和“清华大学出版社电子信息教材编审委员会”。推出的特色精品教材包括：

(1) 21 世纪高等学校规划教材・计算机应用——高等学校各类专业，特别是非计算机专业的计算机应用类教材。

(2) 21 世纪高等学校规划教材・计算机科学与技术——高等学校计算机相关专业的教材。

(3) 21 世纪高等学校规划教材・电子信息——高等学校电子信息相关专业的教材。

(4) 21 世纪高等学校规划教材・软件工程——高等学校软件工程相关专业的教材。

(5) 21 世纪高等学校规划教材・信息管理与信息系统。

(6) 21 世纪高等学校规划教材・财经管理与应用。

(7) 21 世纪高等学校规划教材・电子商务。

(8) 21 世纪高等学校规划教材・物联网。

清华大学出版社经过三十多年的努力，在教材尤其是计算机和电子信息类专业教材出版方面树立了权威品牌，为我国的高等教育事业做出了重要贡献。清华版教材形成了技术准确、内容严谨的独特风格，这种风格将延续并反映在特色精品教材的建设中。

清华大学出版社教材编审委员会

联系人：魏江江

E-mail：weijj@tup.tsinghua.edu.cn

前言

本书根据教育部发布的《关于进一步加强高校计算机基础教学的意见》中有关“程序设计基础”课程的教学基本要求而编写。

Visual Basic 是由微软公司开发的一种基于事件驱动的编程语言。它源自于 Basic 编程语言。Visual Basic 拥有图形用户界面(GUI)和快速应用程序开发(RAD)系统,可以轻易地使用 DAO、ADO 连接数据库,或者轻松地创建 ActiveX 控件。程序员可以轻松地使用 Visual Basic 提供的组件快速建立一个应用程序。

本书由长期讲授“Visual Basic 程序设计”课程的资深教师编写,内容由浅入深、循序渐进,充分考虑可读性,同时兼顾全国计算机等级考试需要,增加了相关题型分析。依据 Visual Basic 程序设计课程要求,按照教学安排配套设计、分类安排实验进度和内容,依次包括输入输出界面设计、程序结构设计、常用控件使用、数组函数使用、多窗体程序设计、菜单文件的设计、数据库综合实验,实现了循序渐进的教学实验体系,可以提高学习 Visual Basic 语言的效率。

本书由肖朝晖、张廷萍主编。本书同时有配套的无纸化考试系统供高校教学使用。

由于编者水平有限,书中谬误之处在所难免,恳请读者批评指正。

E-mail：xiaozhaohui@cqut. edu. cn。

编　者

2019 年 5 月

目录

第一部分 Visual Basic程序设计上机要求

Visual Basic 6.0 是 Microsoft 公司推出的基于 Windows 环境的计算机程序设计语言，它继承了 Basic 语言简单易学的优点，同时增加了许多新的功能。由于 Visual Basic 采用面向对象的程序设计技术，摆脱了面向过程语言的许多细节，而将主要精力集中在解决实际问题和设计友好界面上，使开发 Windows 应用程序更迅速、便捷。

什么是 Visual Basic(简称 VB)？Visual 指的是开发图形用户界面(GUI)的方法。在图形用户界面下，不需要编写大量代码去描述界面元素的外观和位置，而只要将预先建立的对象加到屏幕上的适当位置，再进行简单的设置即可。Basic 指的是 BASIC(Beginners All-Purpose Symbol Instruction Code，初学者通用的符号指令代码)语言，是一种应用十分广泛的计算机语言。Visual Basic 在原有 BASIC 语言的基础上进一步发展，至今包含了数百条语句、函数及关键词，其中很多和 Windows GUI 有直接关系。专业人员可以用 Visual Basic 实现其他任何 Windows 编程语言的功能，而初学者只要掌握几个关键词就可以建立简单的应用程序。

VB 语言具有许多优秀的特性，用它来设计应用程序有两个最基本的特点：可视化设计和事件驱动编程。

1. 可视化设计

同其他的一些可视化程序开发工具一样，VB 具有可视化设计的特点，Microsoft Word 刚进入中国市场时，同 WPS 竞争的一个重要功能砝码就是“所见即所得”的字处理功能，VB 在设计应用程序界面时也可以说是“所见即所得”。在设计时，头脑中所想象的应用程序界面完全可以通过键盘鼠标画出来，而不是编制大量的代码然后再编译生成，如果需要修改，也是利用键盘鼠标，而底层的一些程序代码可由 VB 自动生成或修改。

VB 为用户提供了大量的界面元素(VB 中称为控件对象)，这些控件对象对于熟悉 Windows 应用程序的用户而言一点也不陌生，如“窗体”“菜单”“命令按钮”“工具按钮”“检查框”等，用户只需要利用鼠标、键盘把这些控件对象拖到适当的位置，设置其大小、形状、属性等，就可以设计出自己所需的应用程序界面。

2. 事件驱动编程

操作系统进入 Windows 时代以来，图形化的用户界面和多任务多进程的应用程序要求程序设计不能是单一性的，在使用 VB 设计应用程序时，必须首先确定应用程序如何同用户进行交互。例如发生鼠标单击、键盘输入等事件时，用户必须编写代码控制这些事件的响应方法。这就是所谓的事件驱动编程。

在 VB 中，把“窗体”以及“菜单”“按钮”等控件称为对象，如果设计出了应用程序，那么与应用程序的用户直接进行交互的就是这些对象组成的图形界面，也称为用户接口或用户界面。在设计应用程序时就必须考虑到用户如何与程序进行交互(更进一步地，甚至程序和程序之间也会有通信和交互)，基本上用户是通过鼠标与键盘同应用程序进行交互的，这时那些对象就必须对鼠标和键盘操作所引发的事件做出响应。所谓“响应”，有可能是这些对象改变自身或是其他对象的一些属性，在与用户交互的过程中改变对象属性这一过程可以利用对象的“方法”来实现。

学习 VB 语言程序设计，必须要重视 VB 语言的上机实践环节。一方面要独立编写出程序，另一方面要独立上机调试程序，同时必须保证有足够的上机实验时间。上机实验的目的绝不仅仅是为了验证教材和讲课的内容或者验证自己所编程序正确与否。上机实验的主要目的及作用为：

(1) 加深对 VB 课程讲授内容的掌握和理解，尤其是一些语法规定、可视化控件的用法，仅靠课堂讲授难以记住，只有通过多次上机，才能自然地、熟练地掌握。实践证明，通过上机来掌握 VB 语言的语法规则及操作过程是行之有效的方法。

(2) 熟悉和了解 VB 语言程序开发环境。一个程序必须在一定的外部环境下才能运行，VB 语言的运行必须要有计算机系统的硬件和软件条件。使用者应该了解为了运行一个 VB 程序，需要哪些必要的外部条件，即硬件配置、软件配置，可以利用哪些系统的功能来帮助自己开发程序。每一种计算机系统的功能和操作方法不完全相同，但只要熟练掌握一两种计算机系统的使用，再遇到其他的系统时便会触类旁通，很快学会。

(3) 学会上机调试 VB 语言程序的过程。在调试中学会发现程序中的错误，并能很快地排除这些错误，使程序正确运行。经验丰富的人，当编译出现"出错信息"时，能很快地判断出错误所在并改正；而缺乏经验的人即使在明确的出错提示下也往往找不出错误而求助于人。

(4) 计算机技术是实践性很强的技术，要求从事这一领域工作的人不仅能了解和熟悉有关理论和方法，还能自己动手实现。对程序设计来说，要求会编程序并上机调试通过。因此调试程序本身是程序设计课程的一个重要的内容和基本要求，应给予充分的重视，调试程序的经验固然可以借鉴他人的现成经验，但更重要的是通过自己的直接实践来累积。因此，在实验时千万不要在程序通过后就认为万事大吉、完成任务了，而应当在已通过的程序基础上做一些改动(例如修改一些参数、增加一些程序功能、改变输入数据的方法等)，再进行编译、连接和运行，观察和分析所出现的情况；这样的学习才会有真正的收获，应当灵活、主动地学习，而不是呆板、被动地学习。

学生上机前一定要做好上机的各项准备，按指导老师的要求进行上机；每次应完成所需的实验内容，在时间充裕的情况下，可选择其他一些相关程序进行上机。具体上机实验要求为：

(1) 按实验要求准备好上机所需的程序。

(2) 上机输入和调试程序的时候，要养成独立思考的能力。

(3) 在程序调试通过后，应做好程序清单和运行结果的记录，实验结束后，应该整理实验报告。

(4) 为便于统一管理及检查学生实验内容，要求实验者按文件存储在磁盘空间中。

(5) 程序调试完后，检查运行结果。每个实验完成后，应写出实验报告或实验运行情况和结果。

第二部分　Visual Basic实验内容

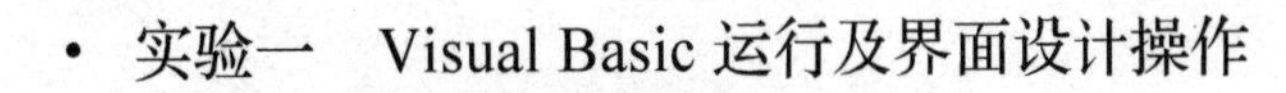

- 实验一　Visual Basic 运行及界面设计操作
- 实验二　顺序结构程序设计
- 实验三　选择结构程序设计
- 实验四　循环结构程序设计
- 实验五　常用控件的使用与编程(一)
- 实验六　常用控件的使用与编程(二)
- 实验七　数组及函数过程程序设计
- 实验八　多窗体及MDI程序设计
- 实验九　菜单及文件程序设计
- 实验十　Visual Basic数据库应用

实验一 Visual Basic 运行及界面设计操作

一、实验目的与要求

(1) 通过本实验，掌握 Windows 程序设计的基本原理和方法。

(2) 通过本实验，掌握 Visual Basic(以下简称 VB)程序在集成环境下编写、编译、调试和运行的过程。

(3) 掌握 VB 程序的风格及设计思想。

(4) 掌握窗体 Print 方法的使用。

二、实验内容

【题目 1】 掌握 VB 编译器的启动与退出，按如下步骤设计一个简单的 VB 程序。

【分析】 按如下步骤操作。

【步骤】

1. 启动与退出

同其他 Windows 应用程序启动方法一样，正确安装 VB 6.0 后，VB 6.0 软件就会出现在 Windows 的“开始”菜单中。

(1) 启动。

单击“开始”|“程序”|“Microsoft Visual Basic 6.0 中文版”|“Microsoft Visual Basic 6.0 中文版”，就会启动 VB 6.0 中文版。

(2) 退出。

如果要退出，则可以选择菜单“文件”|“退出”或单击窗口右上角的关闭按钮，就会退出 VB 6.0 系统。

(3) 新建工程。

从弹出的“新建工程”对话框中选择“标准 EXE”项，然后单击“打开”按钮，如图 1-1 所示。

(4) VB 集成开发环境(IDE)的元素组成。

VB 应用程序图形界面如图 1-2 所示。其元素的组成主要包括：

- 菜单栏(Menubar)。

图 1-1 “新建工程”对话框

- 上下文菜单(Context Menu)。
- 工具栏(Toolbar)。
- 工具箱(Toolbox)。
- 工具管理器(Project Explorer)。
- 属性窗口(Properties Window)。

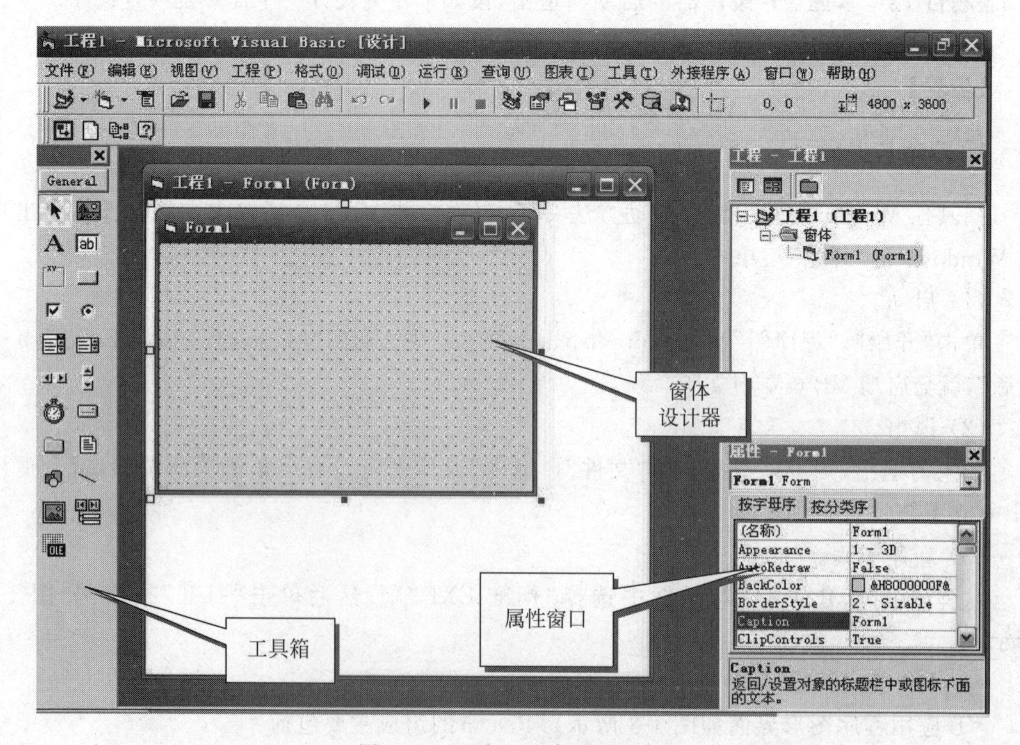

图 1-2 VB 应用程序图形界面

- 对象浏览器(Object Browser)。
- 窗体设计器窗口(Form Window)。
- 代码编辑器窗口(Code Window)。
- 窗体布局窗口(Form Layout Window)。
- 立即、本地和监视窗口(Immediate Window、Watches Window、Locals Window)。
- 在线帮助系统(Online Help System)。

2. 向窗体添加控件

(1) 向窗体添加“标签”控件。

在“工具箱”中双击“标签”控件,将“标签”控件添加到窗体上,此时可以用鼠标拖动窗体上的“标签”控件,也可以调整它的大小,将“标签”控件调整到适当位置。也可以在“工具箱”中选中“标签”控件,然后在窗体上画出“标签”控件,如图 1-3 所示。

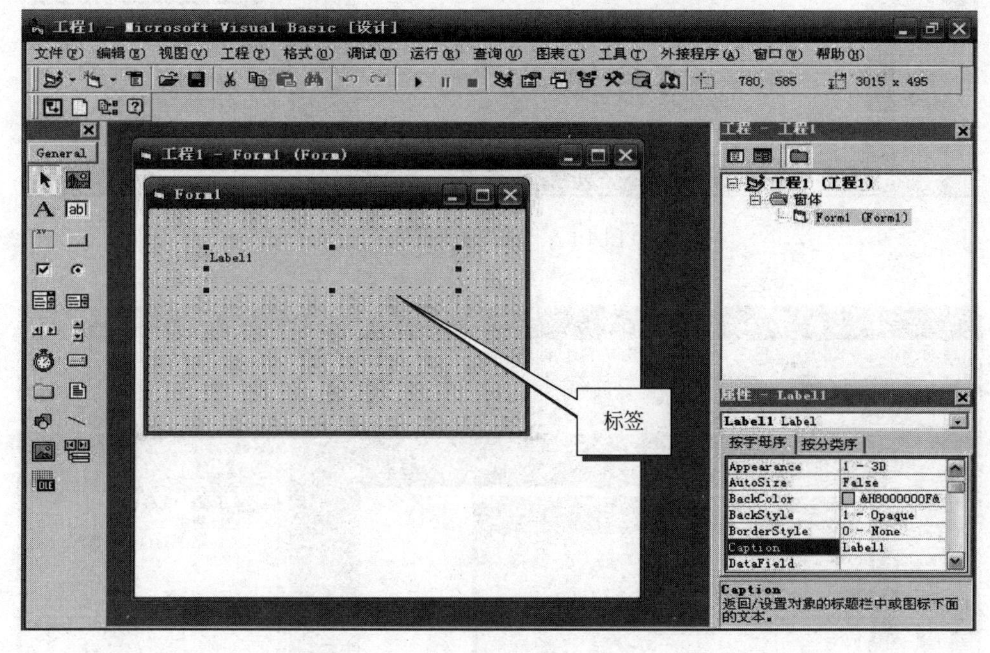

图 1-3 添加“标签”控件

(2) 向窗体添加“命令按钮”控件。

与步骤(1)类似,向窗体添加一个“命令按钮”控件,如图 1-4 所示。

下面可以修改“标签”控件和“命令按钮”控件的属性。

① 在“属性窗口”找到“标签”控件的 Caption 属性,将它的值改为“VB 实验一”; 在 font 属性中,改变字体和大小,具体为: 黑体、二号字。

② 接着找到“命令按钮”控件的 Caption 属性,将其值改为“VB 命令按钮”,此时窗体的效果如图 1-5 所示。

③ 最后,在“属性窗口”找到“窗体”控件的 Caption 属性,将它的值改为“VB 练习窗口”。

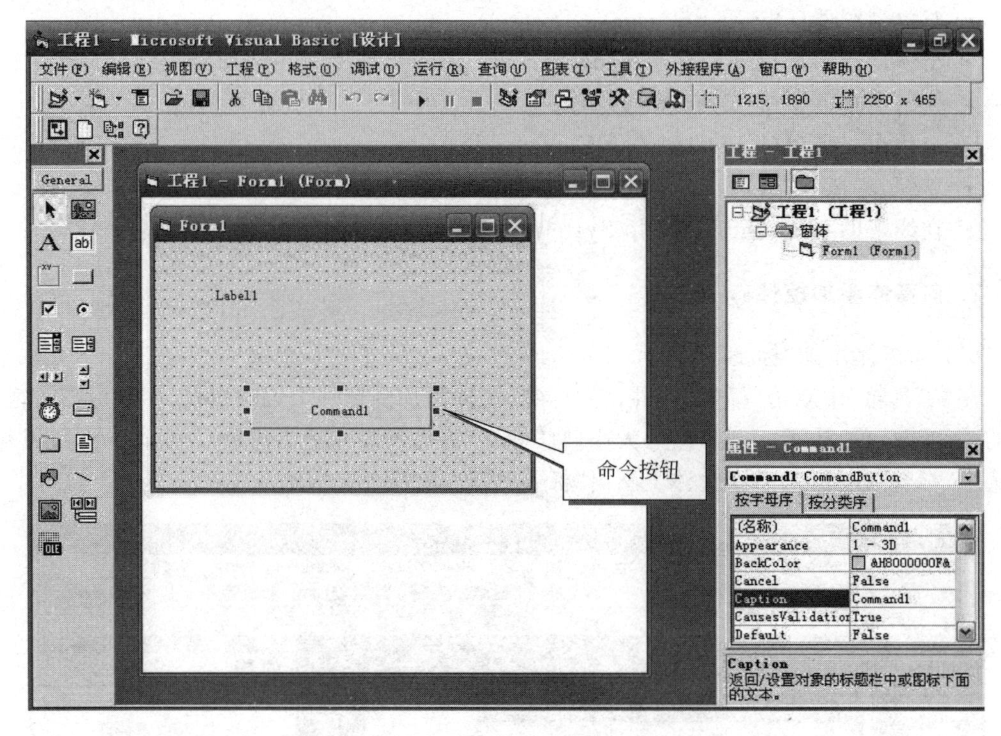

图 1-4　添加“命令按钮”

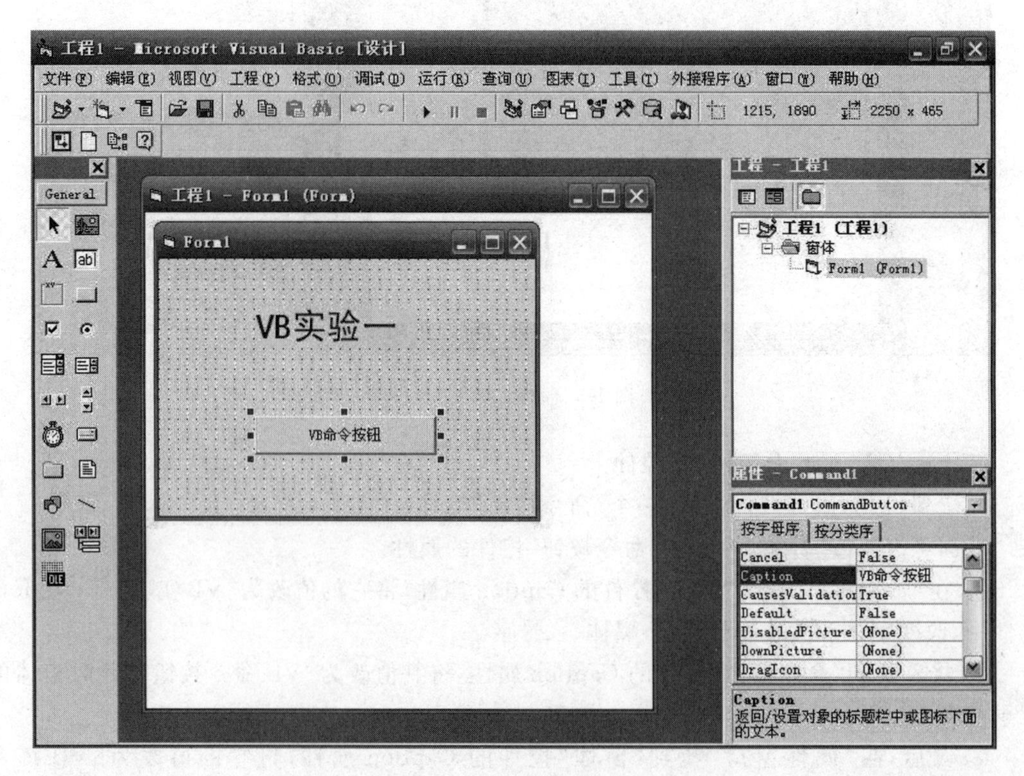

图 1-5　窗体设计效果

④ 添加事件响应代码。

双击“窗体”控件上的“VB 命令按钮”控件，会弹出一个“代码编辑器”窗口，如图 1-6 所示。在其中添加如下代码：

```
Private Sub Command1_Click()
Label1.Caption = "现在开始学习 VB 程序设计。"
End Sub
```

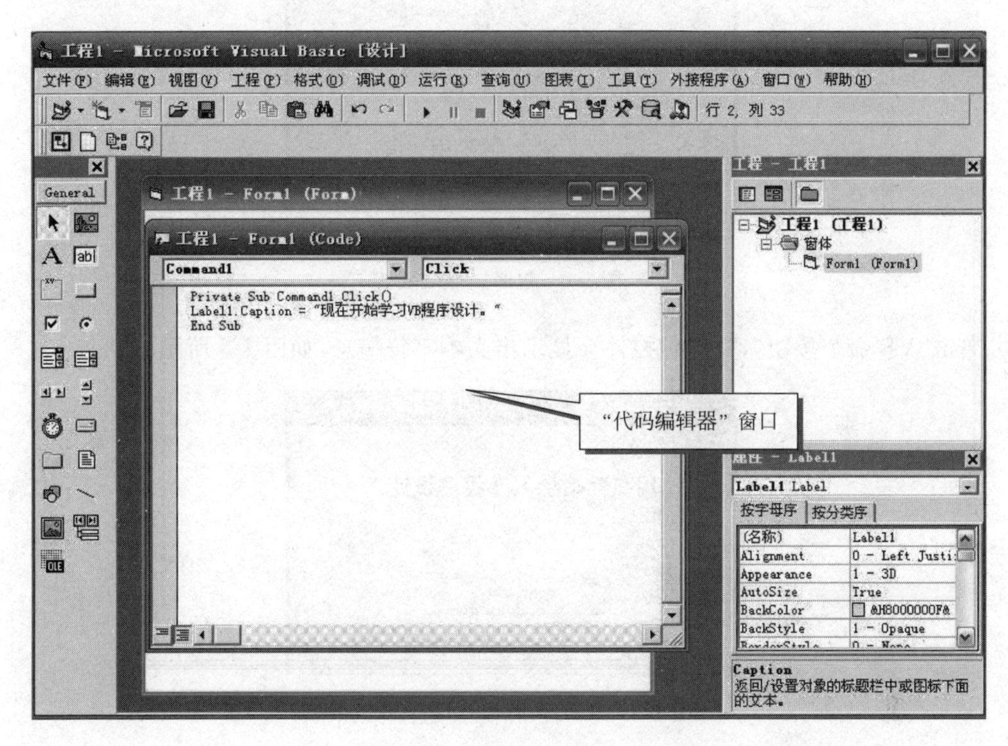

图 1-6 “代码编辑器”窗口

3. 改变窗体的位置

利用“窗体布局窗口”进行预览并设置窗体的位置，应用程序中所有可见的窗体都将显示出来。当把鼠标指针放置到某个窗体上时，按下鼠标左键并拖动该窗体，可以将窗体定位在希望它出现的地方。

4. 保存工程

窗体、控件和代码完成后，应该及时保存工作成果。

执行“文件”菜单中的“保存工程”命令，出现“保存窗体文件”对话框，单击“保存”按钮，出现“保存工程”对话框。单击“保存”按钮，就完成了保存工作。激活工程浏览窗口，所保存的窗体及工程名就出现在其中。

5. 运行程序

应用程序设计好后，单击工具栏上的“启动”按钮 ▸ 。程序被执行，如图 1-7 所示。

图 1-7　程序执行结果

单击“VB 命令按钮”,“标签”控件会显示出文本字符信息,如图 1-8 所示。

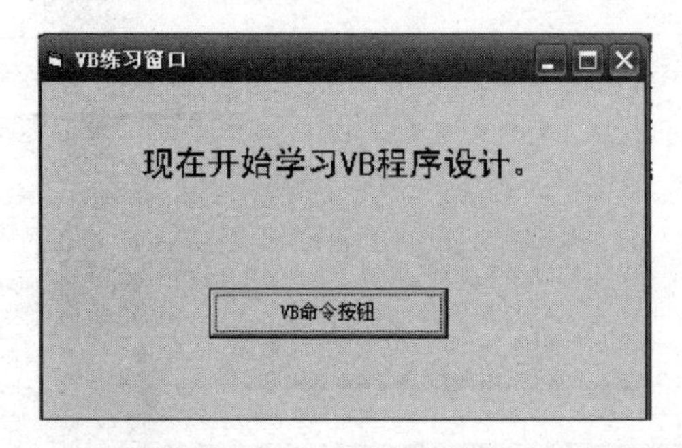

图 1-8　单击按钮后程序的执行结果

6. 生成可执行文件

执行“文件”菜单中的“生成工程 1. exe”,其中工程 1 就是所建立的工程名。工程建立完毕后,就可以脱离 VB 环境,在操作系统下单独运行。

通过题目 1 的示例可以学习 VB 设计的操作步骤及设计方法。

【题目 2】 设计一个窗体,窗体标题为“红黄背景”,程序运行时,在窗体上单击,窗体背景变成黄色;双击,窗体背景变成红色。运行界面如图 1-9 所示。

图 1-9　窗体的红黄背景

【分析】 窗体背景属性为：

```
Form1.BackColor = vbRed
```

【题目 3】 设计一个应用程序，实现标签的显示和隐藏，单击"显示标签"按钮，将标签显示；单击"隐藏标签"按钮，将标签隐藏，运行界面如图 1-10 所示。

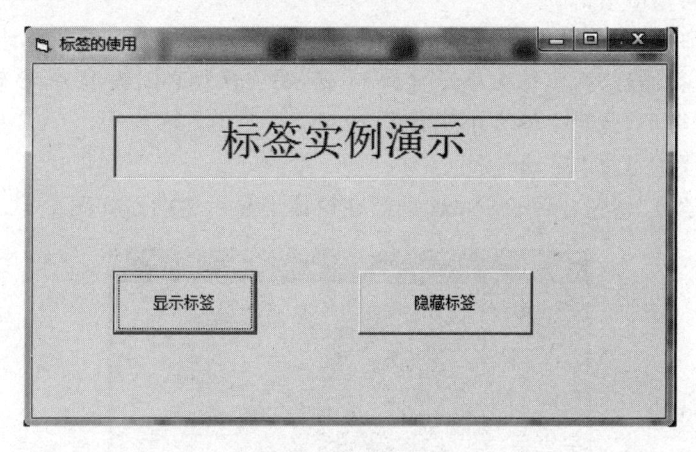

图 1-10　标签实例

【分析】 标签隐藏属性设置为：

```
Label1.Visible = False
```

【题目 4】 使用窗体的 Print 输出方法。

【分析】 按如下步骤操作。

【步骤】

(1) 在 Microsoft VB 编译器中，新建一个工程；用鼠标拖曳窗体的边框，改变窗体的大小，让窗体为显示输出留下空间；使用 CommandButton(命令按钮)控件在窗体右边创建一个命令按钮。

(2) 打开属性窗口，然后把命令按钮的 Caption 属性设置为"显示学号"。

打开属性窗口顶部的对象下拉列表框，然后单击 Form1 对象名。该窗体的属性显示在属性窗口中。

将 Font 属性修改为 Times New Roman。Font 属性决定了窗口中显示文本所使用的字体。可以使用系统中已经安装的任何字体，建议选择 TrueType 类型字体(这种类型的字体可以调整字号大小显示，并且打印效果与显示效果相同)。

将 AutoRedraw 属性设置为 True。当窗口被遮挡后，窗体重新显示时，值为 True 的 AutoRedraw 属性使得窗体重新显示由 Print 方法输出在窗体上的任何文本。

(3) 双击窗体上的"显示学号"按钮。CmdStudentID_Click 事件过程显示在代码窗口中，在该过程中输入下面的语句：

```
Private Sub Command1_Click()
For i = 1 To 10
  Print "学生学号: " & "200609_" ; i
  FontSize = 10 + i
```

```
Next i
End Sub
```

这个 For…Next 循环使用 Print 方法显示学号，然后显示循环计数器 i 的值，这样的显示一共完成 10 次。Print 语句中的分号(;)告诉 VB 在字符串“学号:”的后面显示计数器的值，并且两者之间不留空格。

FontSize＝10＋i 这条语句把窗体的 FontSize 属性的值设置为比循环计数器的值大 10 的值。第一次执行循环时，字体大小设置为 11 磅，第二次循环时设置为 12 磅，以此类推，直到执行最后一次循环，此时字体大小变成了 20 磅。

(4) 单击工具栏上的“启动”按钮。

单击“显示学号”按钮。For…Next 循环在窗体上显示 10 行，如图 1-11 所示。

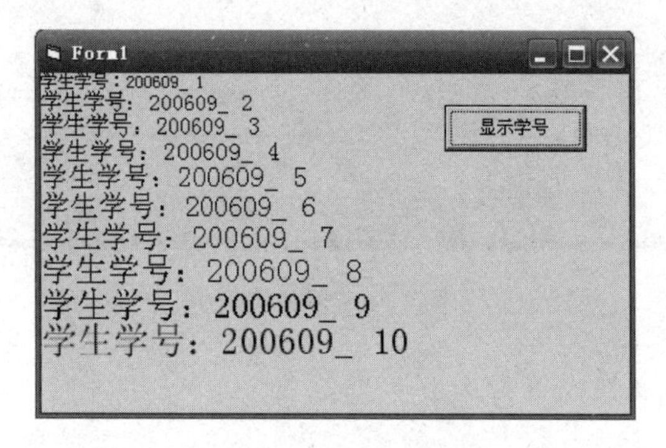

图 1-11 Print 运行效果

单击工具栏上的“结束”按钮，终止程序运行。

(5) 单击工具栏上的“保存工程”按钮，将窗口保存为 DemoPrint. frm，然后将工程保存为 Print2. vbp。

顺序结构程序设计

一、实验目的与要求

(1) 熟悉 Visual Basic 6.0 的数据类型。
(2) 掌握变量和常量的基本用法。
(3) 熟悉常用内部函数。
(4) 掌握 Visual Basic 6.0 中的基本输入输出语句。
(5) 掌握输入对话框和消息框的使用。
(6) 了解 Visual Basic 6.0 应用程序的常见错误和调试技术。

二、实验内容

预备知识

1. InputBox 输入函数

InputBox 的语法如下：

```
InputBox(prompt,[Title],[Default],[Xpos],[Ypos],[HelpFile],[Context])
As String
```

在对话框中显示一个提示符,并返回用户输出的文本。

- prompt 是唯一必需的参数,它定义了输入框中的提示信息。提示信息必须是一个字符串表达式,其最大长度为 1024B。VB 会自动将过长信息分隔成多行。
- Title 是可选项,是一个字符串表达式,定义输入框的标题,默认为应用的名字。
- Default 是可选项,定义默认的输入字符串,如果用户在输入框中没有输入内容则返回该值,默认输入文本框为空。
- XPos 是可选项,定义输入框左上角的 x 坐标值,默认输入框水平居中。
- Ypos 是可选项,定义输入框左上角的 y 坐标值,默认输入框垂直居中。
- HelpFile 是可选项,帮助文件名字符串,用来指定为输入框提供上下文相关帮助。如果指定了该项,那么 Context 也必须指定。
- Context 是可选项,指定与帮助文件相关内容的数字。如果指定该项,那么 HelpFile 也必须指定。
- InputBox 函数返回字符串型值,因此使用 InputBox 函数时的语法规则是:

```
变量名[ $ ] = InputBox( … )
```

2. MsgBox 输出函数

MsgBox 函数的语法如下：

```
MsgBox(prompt,[Buttons As VbMsgBoxStyle
    vbOKOnly],[Title],[HelpFile],[Context]) As VbMsgBoxResult
```

函数过程显示一个对话框并返回一个整数值。

- Prompt 是唯一必需的参数，它定义了在消息对话框中显示信息。显示信息必须是一个字符串表达式，其最大长度为 1024B。VB 会自动将过长的信息分隔成多行。
- Buttons 是可选项，它是一个数字表达式，指定了消息对话框中的按钮、图标和其他特征，默认值为 0。
- Title 是可选项，是一个字符串表达式，定义消息对话框的标题，默认为应用的名字。
- HelpFile 是可选项，帮助文件名字符串，用来指定为消息对话框提供上下文相关帮助。如果指定了该项，那么 Context 也必须指定。
- Context 是可选项，指定与帮助文件相关内容的数字。如果指定该项，那么 HelpFile 也必须指定。
- Buttons 参数决定了消息对话框的外观，要对它进行设置，首先要知道它的取值及含义。如表 2-1 所示为 Buttons 参数的取值和含义说明。

表 2-1　Buttons 参数的取值和含义说明

类　型	系统常量	数值	功能说明
按钮类型	vbOKOnly	0	(默认值）只显示一个“确定”按钮
	vbOKCancel	1	显示“确定”和“取消”按钮
	vbAbortRetryIgnore	2	显示“终止”“重试”和“忽略”按钮
	vbYesNoCancel	3	显示“是”“否”和“取消”按钮
	vbYesNo	4	显示“是”和“否”按钮
	vbRetryCancel	5	显示“重试”和“取消”按钮
图标样式	vbCritical	16	显示停止图标
	vbQuestion	32	显示提问图标
	vbExclamation	48	显示警告图标
	vbInformation	64	显示输出图标
默认按钮	vbDefaultButton1	0	第 1 个按钮为默认按钮
	vbDefaultButton2	256	第 2 个按钮为默认按钮
	vbDefaultButton3	512	第 3 个按钮为默认按钮
	vbDefaultButton4	768	第 4 个按钮为默认按钮
模式	vbApplicationModal	0	应用程序强制返回；应用程序一直被挂起，直到用户对消息框做出响应才继续工作
	vbSystemModel	4096	系统强制返回；全部应用程序都被挂起，直到用户对消息框做出响应才继续工作

使用 MsgBox 有无返回值是由 MsgBox 函数或 MsgBox 过程决定的，MsgBox 过程无返回值，其调用的一般形式为：

```
MsgBox "程序执行结束,按""确定""返回", , "提示信息"
```

而 MsgBox 函数有返回值,其调用的一般形式为:

```
x = MsgBox("程序执行结束,按""确定""返回", , "提示信息")
```

当函数只有一个 OK 按钮时,可以不必给变量赋值,函数仅作消息说明。在判断函数返回值时,可以参照表 2-2。

表 2-2 MsgBox 函数返回值

系统常量	返回值	操作说明
vbOK	1	选择了"确定"按钮
vbCancel	2	选择了"取消"按钮
vbAbort	3	选择了"终止"按钮
vbRetry	4	选择了"重试"按钮
vbIgnore	5	选择了"忽略"按钮
vbYes	6	选择了"是"按钮
vbNo	7	选择了"否"按钮

3. Print 输出方法

利用 Print 方法可以显示图形文本,包括字符串和数字值。其语法如下:

```
对象.Print[expressionlist]
```

对象参数指定了文本显示的位置。可取以下 4 个值之一:窗体名称、图片框名称、Debug 或 Printer。后两个值将分别使文本在调试(Debug)窗口和打印机上显示。如果表达式省略,则打印一空白行。

expressionlist 语法结构如下:

```
{Spc(n)|Tab(n)}expression charpos
```

其含义如下:

- Spc(n)是可选的。用来在输出中插入空白字符。这里 n 为要插入的空白字符数。
- Tab(n)是可选的。用来将插入点定位在绝对列号上,这里 n 为列号。使用无参数的 Tab(n)将插入点定位在下一个打印区的起始位置。
- expression 是可选的。要打印的数值表达式或字符串表达式。
- charpos 是可选的。指定下个字符的插入点。使用分号(;)直接将插入点定位在上一个被显示的字符之后;使用逗号(,)将下一个输出字符的插入点定位在制表符上;如果省略 charpos,则在下一行打印下一字符。

例如,以下是 4 种对象的 Print 方法,分别在自身对象上打印消息"This is a testing message."。

- 名称为 MyForm 的窗体对象:

```
MyForm.Print "This is a testing message."
```

• 名称为 picMiniMsg 的图片框对象：

```
picMiniMsg.Print "This is a testing message."
```

• 当前窗体对象：

```
Print "This is a testing message."
```

• Printer 对象：

```
Printer.Print "This is a testing message."
```

不同 expressionlist 值的不同输出方法：

• 对于 Boolean 数据，或者打印 True 或者打印 False。根据主机应用程序的地区设置来翻译 True 和 False 关键字。
• 使用系统能识别的标准短日期格式书写 Date 数据。当日期或时间部件丢失或为零时，只书写已提供的部件。
• 如果 expressionlist 为空，则无内容可写。但是，如果 expressionlist 值为 NULL，则输出 NULL。在输出 NULL 关键字时，要把关键字正确翻译出来。
• 要把错误数据作为 Error code 输出。在输出 Error 关键字时，要把关键字正确翻译出来。
• 如果在具有默认显示空间的模块外使用此方法，则需要 object。例如，如果没有指定对象就在标准模块上调用此方法，则将导致错误发生，但是，如果在窗体模块上调用，则会在窗体上显示。

注意：因为 Print 方法是按照字符比例进行打印的，所以字符数与字符所占据的宽度固定的列的数目无关。例如，像 W 这样的宽字母占据的宽度超过一固定列宽，而像 I 这样的窄字母占据的宽度则较小。考虑到要使用比平均字符更宽的空间，表列一定要留有足够余地。

【题目 1】 设计一个应用程序，完成两个文本框内容的转换。例如，在“第 1 个”文本框中输入“程序”，在“第 2 个”文本框中输入“设计”，单击“交换”按钮后，结果如图 2-1 所示。

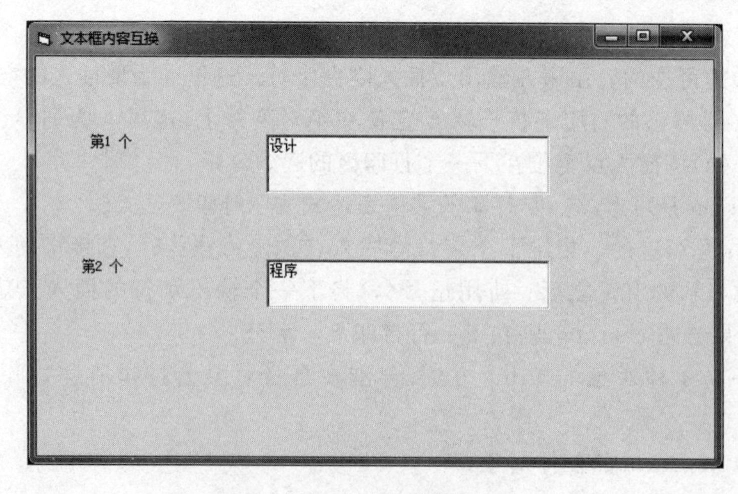

图 2-1 界面设计

【分析】

该程序考查关于赋值语句的应用以及变量的含义。在程序运行过程中，变量的值可以发生改变。

一个完整的应用程序应包含3个部分，依次是输入数据、处理数据和输出数据。在设计程序的过程中应该遵循这个次序。

要交换两个文本框的内容，与交换两个变量值一样。其基本过程如下：

(1) 定义两个字符型变量，分别放置文本框内容。

(2) 使用一个中间变量t，先将第一个变量内容暂存t，再将第二个变量内容存入第一个变量内容，最后将t存入第二个变量。

(3) 将两个变量值放回文本框。

【步骤】

1. 界面设计

创建一个应用程序，在窗体上添加两个标签、两个文本框和一个命令按钮。

2. 属性设置

对用户界面上的对象进行属性设置，其属性如表2-3所示。

表2-3 属性表

对象名	属性名	属性值
Form1	Caption	文本内容互换
Label1	Caption	第1个
Label2	Caption	第2个
Text1	Text	空
Text2	Text	空
Command1	Caption	交换

3. 代码编写

单击命令按钮时，进行交换操作，其事件过程代码如下：

```
Private Sub Command1_Click()
    Dim first As String ,second As String,t As String
    first = Text1.Text
    second = Text2.Text
    t = first
    first = second
    second = t
    Text1.Text = first
    Text2.Text = second
End Sub
```

4. 调试运行

将程序中的所有文件保存到同一个文件夹中。运行程序，在文本框中输入内容，单击

"交换"按钮，观察程序运行结果。

【题目 2】 设计一个应用程序，输入圆的半径，计算圆的周长和面积，其运行结果如图 2-2 所示。其中，半径的输入使用输入对话框实现。

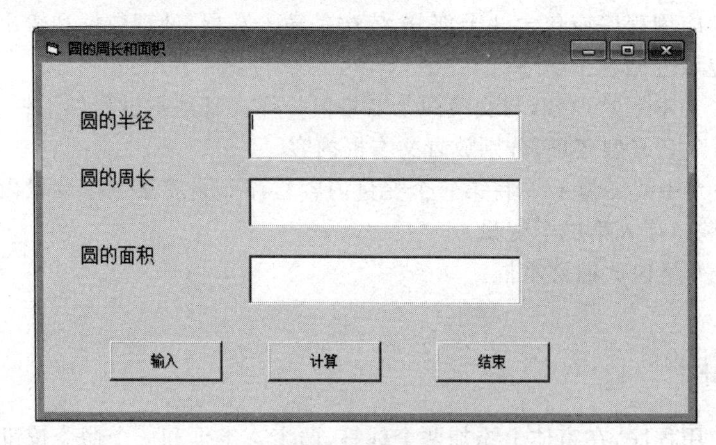

图 2-2 界面设置

【分析】

(1) 常量分析为普通常量和符号常量，符号常量要用 Const 语句来定义。计算圆的周长和面积都要用到 π，可将其定义为符号常量。

(2) 变量具有作用域，在其作用域范围内有效，否则被释放。圆的半径在输入和计算时都用到了，所以要将其定义为窗体级变量，即在本窗体内的任何过程中都是有效的。

(3) 输入数据可以使用控件，也可以使用 InputBox 函数实现。将字符串转换成数值用 Val 函数实现。

(4) 应用程序结束使用 End 语句，如果只有一个窗体也可以使用 Unload Me 来结束运行。

【步骤】

1. 界面设计

建立应用程序，在窗体上添加 3 个标签、3 个文本框和 3 个命令按钮。

2. 属性设置

对用户界面上的对象进行属性设置，其属性如表 2-4 所示。

表 2-4 属性设置

对 象 名	属 性 名	属 性 值
Form1	Caption	圆的周长和面积
Label1	Caption	圆的半径
Label2	Caption	圆的周长
Label3	Caption	圆的面积
Text1	Text	空
Text2	Text	空

续表

对 象 名	属 性 名	属 性 值
Text3	Text	空
Command1	Caption	输入
Command2	Caption	计算
Command3	Caption	结束

3. 代码编写

(1) 在窗体模块的通用声明段,定义存放半径的变量和常量 pi 值,代码如下:

```
Dim r As Single
Const pi = 3.14159
```

(2) 利用输入对话框输入半径,并将其输出显示,代码如下:

```
Private Sub Command1_Click()
    r = Val (InputBox("请输入圆的半径:"))
    Text1.Text = r
End Sub
```

(3) 计算圆的周长和面积并输出结果,代码如下:

```
Private Sub Command2_Click()
   Dim c As Single, s As Single
   c = 2 * pi * r
   s = pi * r ^ 2
   Text2.Text = c
   Text3.Text = s
End Sub
```

(4) 程序结束的代码如下:

```
Private Sub Command3_Click()
   Unload Me
End Sub
```

4. 调试运行

将应用程序保存。运行程序,单击输入命令按钮,输入半径值,然后单击"计算"按钮,查看计算结果是否正确。

【题目 3】 设计一个应用程序,输入时间为总秒数,将其转换成小时、分钟和秒数。其运行结果如图 2-3 所示。

【分析】

(1) 总秒数的输入使用 InputBox 函数实现。

(2) 1Hour=3600s,假设总秒数为 t,t 与 3600 进行整除,得到的结果就是小时数。

(3) 1Min=60s,从 t 里面减去小时数乘以 3600,再与 60 整除,得到分钟数。

(4) 从 t 里面减去小时数乘以 3600,再减去分钟数乘以 60,得到秒数。

【步骤】

1. 界面设计

建立应用程序界面如图 2-3 所示。

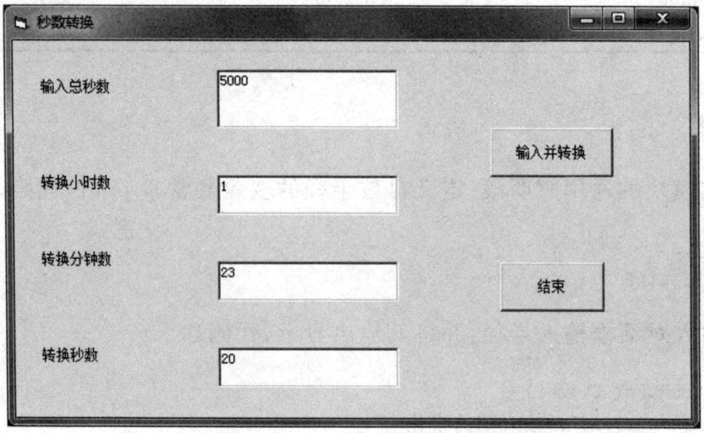

图 2-3 界面设置

2. 属性设置

对用户界面上的对象进行属性设置,其属性如表 2-5 所示。

表 2-5 属性设置

对 象 名	属 性 名	属 性 值
Form1	Caption	秒数转换
Label1	Caption	输入总秒数
Label2	Caption	转换小时数
Label3	Caption	转换分钟数
Label4	Caption	转换秒数
Text1	Text	空
Text2	Text	空
Text3	Text	空
Text4	Text	空
Command1	Caption	输入并转换
Command2	Caption	结束

3. 代码编写

单击“输入并转换”按钮,先弹出输入对话框,输入总秒数,再进行转换操作,最后将结果输出到文本框中。单击“结束”按钮,结束程序运行。代码如下:

```
Private Sub Command1_Click()
Dim t As Integer
```

```
Dim h As Integer, m As Integer, s As Integer
t = Val(InputBox("输入总秒数"))
h = t\3600
m = (t - h * 3600)\60
s = t - h * 3600 - m * 60
Text1.Text = t
Text2.Text = h
Text3.Text = m
Text4.Text = s
End Sub

Private Sub Command2_Click()
End
End Sub
```

4. 调试运行

将应用程序保存，运行程序，单击输入并转换命令按钮，输入总秒数 5000，查看程序运行结果，验证其正确性。

【题目 4】 设计一个应用程序，随机生成两个两位数的正整数，并将这两个数的和显示出来，其运行结果如图 2-4 所示。

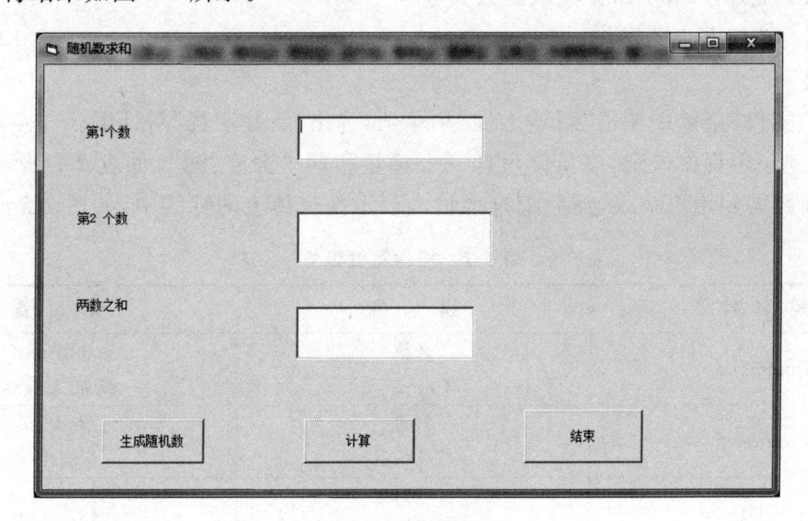

图 2-4 界面设置

【分析】

该程序考查顺序结构程序设计的方法，包括基本的输入输出语句、变量的声明和应用、内部函数的使用等内容，进一步体验程序设计过程中应该包含的 3 部分内容：输入数据、处理数据和输出数据。

(1) 生成随机数使用 Rnd 函数实现，生成整数则使用 Int 函数实现。生成[a,b]区间范围的随机整数，使用如下公式实现：Int((b－a＋1) * Rnd＋a)。

(2) 为了避免同一序列的随机数重复出现，使用 randomize 语句来初始化随机数生成器。

(3) 应用程序界面设计如图 2-4 所示，首先在窗体上添加空间布局，然后设置对象的属性，其属性如表 2-6 所示。

表 2-6 属性设置

对象名	属性名	属性值
Form1	Caption	随机数求和
Label1	Caption	第 1 个数
Label2	Caption	第 2 个数
Label3	Caption	两数之和
Text1	Text	空
Text2	Text	空
Text3	Text	空
Command1	Caption	生成随机数
Command2	Caption	计算
Command3	Caption	结束

(4) 单击“生成随机数”按钮，在 Text1 和 Text2 中生成两个两位数的随机整数。

(5) 单击“计算”按钮，对两个随机整数求和并显示在 Text3 中。

(6) 单击“结束”按钮，结束程序运行。

【题目 5】 使用 InputBox 输入函数实验

【分析】 按如下步骤操作。

【步骤】

(1) 在“文件”菜单中单击“新建工程”菜单项，弹出“新建工程”对话框。

(2) 绘制应用程序外观，该窗体包含一个标签和两个命令按钮，如表 2-7 所示。将使用 InputBox 函数得到用户输入，然后把这个输入显示在窗体上的标签中，如图 2-5 所示。

表 2-7 控件属性设置

控件	属性	设置
Command	(名称) Caption	cmdInput 请输入姓名
Command	(名称) Caption	cmdEnd 退出
Text	(名称) Text	txtName

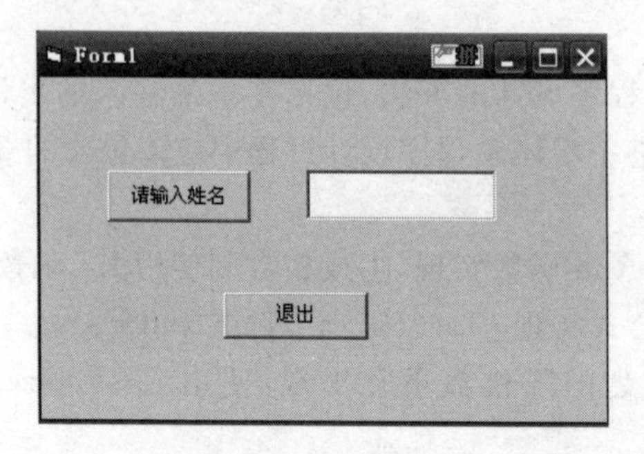

图 2-5 运行界面

(3) 双击“请输入姓名”命令按钮。cmdInput_Click 事件过程显示在代码窗口中。

输入下面的程序语句,它声明了两个变量并调用了 InputBox 函数:

```
Dim Prompt,FullName
Prompt = "请输入你的姓名。"
FullName = InputBox(Prompt)
txtName.Text = FullName
```

这里使用 Dim 语句声明了两个变量:Prompt 和 FullName。事件过程的第二行语句把一组字符或者叫文本字符串赋值给 Prompt 变量。这段信息将用作 InputBox 函数的文本参数(参数是传递给子过程或函数的值或表达式)。后面一行调用 InputBox 函数,并把调用结果(用户输入的文本)赋值给 FullName 变量。在 InputBox 函数向程序返回文本字符串后,事件过程中的第四行语句把用户姓名放置到 txtName 对象的 text 属性中,该属性把用户姓名显示在窗体上。

(4) 单击工具栏上的“启动”按钮运行程序。程序在开发环境中运行。

单击“请输入姓名”按钮。VB 执行 cmdInput_Click 事件过程,显示 InputBox 对话框,如图 2-6 所示。

图 2-6　弹出对话框

(5) 输入你的姓名,然后单击“确定”按钮。InputBox 函数把姓名返回到程序中并把它放置在 FullName 变量中。然后,程序使用该变量把姓名显示在窗体上,如图 2-7 所示。在程序中,当需要提示用户输入信息时,随时都可以使用 InputBox 函数。可以把这个函数和其他输入控件结合起来,控制程序中数据输入、输出的流向。

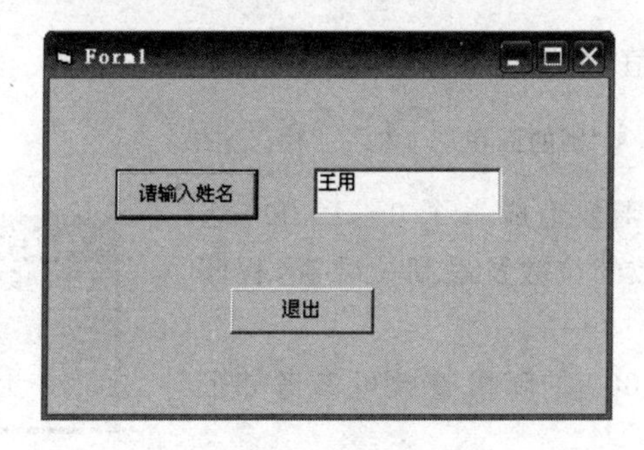

图 2-7　运行界面

(6) 单击窗体上的“退出”按钮结束程序。程序停止运行,返回到开发环境。在“退出”按钮中加入如下程序代码:

```
Private Sub cmdEnd_Click()
 End
```

```
End Sub
```

(7) 以名称 DemoInputBox 把窗体和工程的修改保存到磁盘。

【题目 6】 在题目 5 的基础上,使用 MsgBox 输出函数实验。

【分析】 按如下步骤操作。

【步骤】

(1) 在窗体的 Click 事件函数中输入如下代码:

```
Private Sub Form_Click()
    MsgBox "同学们,你们好!"
End Sub
```

(2) 运行程序然后单击窗体,就会看到如图 2-8 所示的界面。

图 2-8 运行效果

【题目 7】 设计程序,输入 3 个整数,将其数字逆序组合并显示。例如,输入 3 位数"168",逆序组合后输出"861"。

【分析】

利用整除及求余操作实现取各数位上的位数,比如 163 Mod 10=3。

【题目 8】 使用文本框输入圆的半径,然后使用输出消息框输出计算出的圆的周长和面积(要求保留两位小数位数)。程序运行界面如图 2-9 所示。

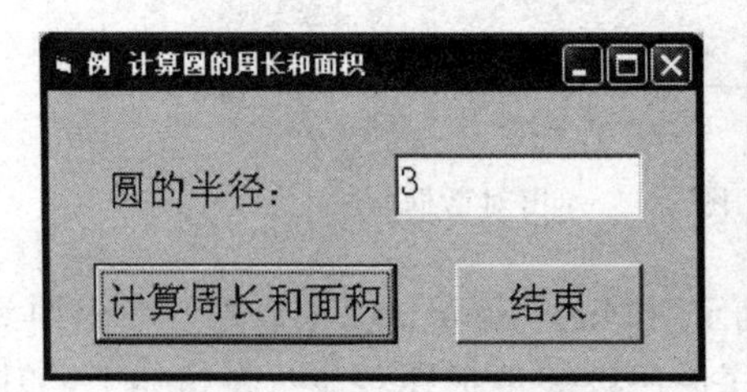

图 2-9 计算圆周长和面积的程序运行界面

【分析】

MsgBox 过程无返回值,其调用的一般形式为:

```
MsgBox "圆的周长: " & L & "圆的面积:" & S, , "输出结果"
```

【题目 9】 调用随机函数生成一个 0~10 000 之间的随机整数,计算该整数的位数及最高位数字,程序运行界面如图 2-10 所示。

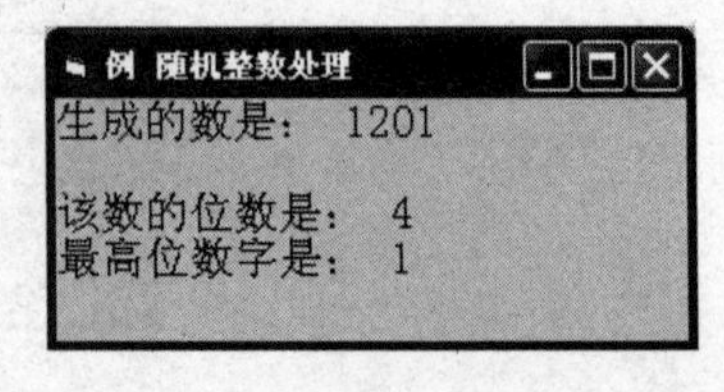

图 2-10 随机整数处理的程序运行界面

【分析】 生成 0~10 000 的随机整数可参考如下代码:

```
Randomize
a = Int(Rnd() * 10001)
```

选择结构程序设计

一、实验目的与要求

(1) 了解选择结构程序设计的特点。

(2) 掌握 If 语句格式,包括单分支、双分支和多分支结构的实现。

(3) 掌握 Select Case 语句格式。

(4) 掌握选择结构的嵌套格式。

二、实验内容

【题目 1】 设计一个应用程序,输入 3 个数 a、b、c,找出其中的最大值并输出。程序运行效果如图 3-1 所示。

图 3-1 界面设置

【分析】

(1) 输入 3 个数分别存储在 a、b、c 变量中,使用 InputBox 函数来实现。

(2) 设定存储最大值的变量 max,先假定 max=a 为最大值,然后用 max 与变量 b 进行比较,将较大的值放在变量 max 中,再用 MAX 与变量 c 比较,将较大的值放在 max 中。这时的 max 存储的就是 3 个变量中的最大值。

(3) 最后将 max 输出。

变量的比较使用 If…Then 语句实现,即单分支的条件语句,语句格式有两种:

- 单语句结构格式。

```
If <条件> Then 语句块
```

- 块结构格式。

```
If <条件> Then
语句块
End if
```

功能：如果条件成立，则执行 Then 后面的语句块，否则执行选择结构之外的下一条语句。

【步骤】

1. 界面设计

该程序比较简单，在窗体上添加一个命令按钮即可。

2. 属性设置

在设计模式下的属性窗口中直接更改对象的属性，其属性如表 3-1 所示。

表 3-1 属性设置

对 象 名	属 性 名	属 性 值
Form1	Caption	找最大值
Command1	Caption	查找

3. 代码编写

单击"查找"按钮时，首先输入 3 个数并存储在 a、b、c 变量中，然后查找其中最大的值存储在变量 max 中，最后将其输出。这些功能的实现都在一个事件过程中，即命令按钮的 click 实现过程。其代码如下：

```
Private Sub Command1_Click()
Dim a As Integer,b As Integer,c As Integer
Dim max As Integer
a = Val(Inputbox("请输入一个数据："))
b = Val(Inputbox("请输入一个数据："))
c = Val(Inputbox("请输入一个数据："))
max = a
If max < b Then
max =  b
End If
If max < c Then
max = c
End If
Print "输入的 3 个数据分别是："
Print a,b,c
Print "其中最大值是：";max
End Sub
```

4. 调试运行

将应用程序中的工程文件和窗体文件保存在同一个文件夹中。运行程序，单击“查找”按钮，弹出输入对话框，输入 3 个数据之后观察程序运行结果。

【题目 2】 设计一个应用程序，实现按钮的交替功能。其运行效果如图 3-2 所示：

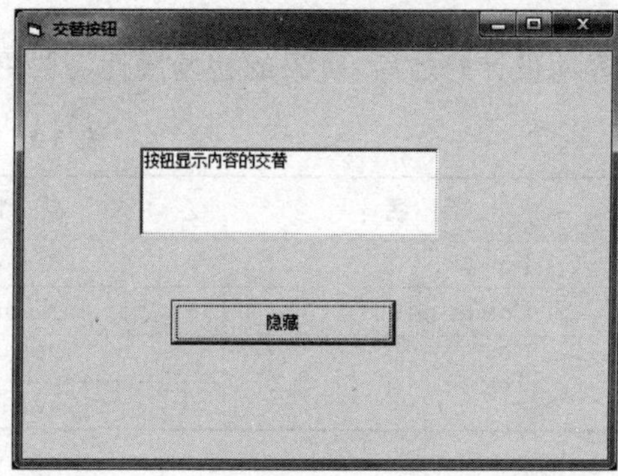

图 3-2　界面设置

要求如下：

(1) 单击“显示”按钮时，显示文本框，并且命令按钮的文本标题改变成“隐藏”。

(2) 单击“隐藏”按钮时，隐藏文本框，并且命令按钮的文本标题恢复成“显示”。

(3) 如此反复，实现命令按钮的交替功能。

【分析】

(1) 文本框的显示或隐藏，使用它的 Visible 属性设置。

(2) 命令按钮的文本标题，使用 Caption 属性设置。

(3) 命令按钮的文本标题内容要使用选择结构进行判断，根据内容判断结果，执行不同的操作，产生题目要求的结果。

该程序使用 If…Then…Else 结构，即双分支结构，其语句格式也有两种：

- 单语句结构格式。

```
If <条件> Then 语句块 1 Else 语句块 2
```

- 块结构格式。

```
If <条件> Then
语句块 1
Else
语句块 2
End If
```

功能：首先测试条件，如果条件成立，则执行 Then 后面的语句块 1；如果条件不成立，则执行 Else 后面的语句块 2。执行完 Then 或 Else 后面的语句块后，跳出选择结构，执行下一条语句。

【步骤】

1. 界面设计

建立应用程序,在窗体上添加一个命令按钮和一个文本框。

2. 属性设置

界面设计好之后,对象的初始属性需要更改,对象属性的设置如表3-2所示。

表3-2 属性设置

对 象 名	属 性 名	属 性 值
Form1	Caption	交替按钮
Command1	Caption	显示
Text1	Text	按钮显示内容的交替
	Visible	False

3. 代码编写

单击命令按钮时触发click事件过程,完成题目要求的功能。代码如下:

```
Private Sub Command1_Click()
If Command1.Caption = "显示" Then
Text1.Visible = True
Command1.Caption = "隐藏"
Else
Text1.Visible = False
Command1.Caption = "显示"
End If
End Sub
```

4. 调试运行

保存应用程序中的所有文件。运行程序,单击命令按钮,观察其结果的变化。

【题目3】 输入一个字符,判断其是数字、字母,还是其他字符,运行效果如图3-3所示。

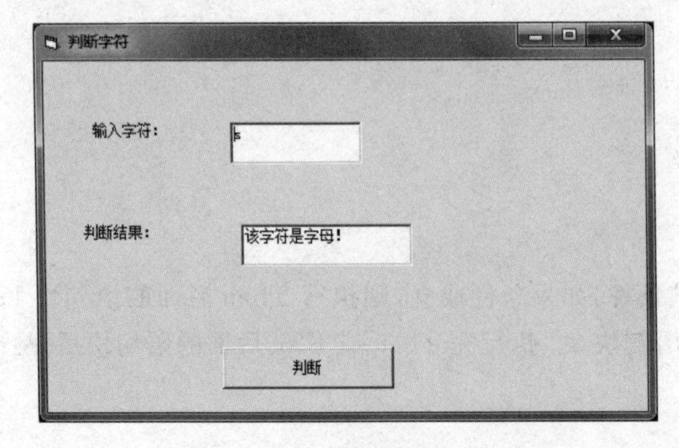

图3-3 界面设置

【分析】

(1) 将文本框中的输入字符存储到变量 s 中。

(2) 对 s 进行判断。如果 s 是 0～9 的字符，则判断结果为“该字符是数字!”；如果 s 是小写或大写英文字母，则判断结果是“该字符是字母!”；否则，判断结果是“其他字符!”。介于两者之间的条件采用两个关系表达式的“与”操作，如 s>=0 And s<=9，代表的就是 0～9 的字符。

(3) 将结果输出在第二个文本框中。

(4) 判断过程中通过条件设定，可能出现 3 种情况，这就要用到多分支结构，而多分支结构可以用两种语句实现：

If…Then…ElseIf 语句格式。

```
If <条件 1> Then
语句块 1
ElseIf <条件 2> Then
语句块 2
Else
语句块 n
End If
```

- Select…Case 语句格式。

```
Select … Case <测试表达式>
Case[表达式表列 1]
<语句块 1>
[Case <表达式表列 2>
<语句块 2>]
[Case Else
      <语句块 n>]
End Select
```

【步骤】

1. 界面设计

创建应用程序，在窗体上添加两个标签、两个文本框和一个命令按钮。

2. 属性设置

设置窗体和控件的属性，直接在属性窗口中进行设置，其值如表 3-3 所示。

表 3-3 属性设置

对象名	属性名	属性值	对象名	属性名	属性值
Form1	Caption	判断字符	Text1	Text	空
Label1	Caption	输入字符	Text2	Text	空
Label2	Caption	判断结果	Command1	Caption	判断

3. 代码编写

命令按钮的 Click 事件代码如下：

```
Private Sub Command1_Click()
Dim s As String ,t As String
s = Text1.Text
If s>="0" And s<="9" Then
t="该字符是数字!"
ElseIf(s>="A" And s<="Z")Or (s>="a" And s<="z") Then
t = "该字符是字母!"
Else
t = "其他字符!"
End If
Text2.Text=t
End Sub
```

4. 调试运行

保存应用程序的所有文件。运行程序，先输入一个字符，然后单击“判断”按钮，查看程序运行结果。

【题目 4】 设计一个应用程序用来进行密码验证，程序运行效果如图 3-4 所示。

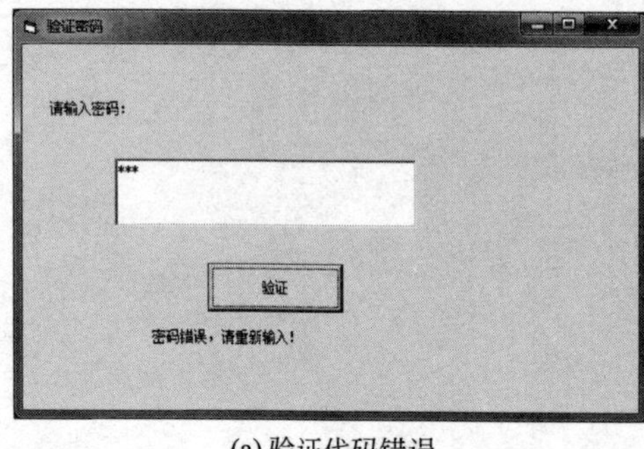

(a) 验证代码错误

(b) 验证密码正确

图 3-4 界面设计

【分析】

(1) 第一个窗体进行密码验证。用户输入密码，首先判断密码是否正确。如果正确，则显示下一个窗体。

(2) 如果密码不正确，则用一个静态变量 i 记录不正确的次数，使用语句“i=i+1”。

(3) 如果 i<3，允许用户重新输入；否则，禁止输入密码，并使文本框为不可用。

(4) 该程序在判断密码不正确的情况下，还要接着判断错误密码输入的次数，所以必须使用选择结构的嵌套来完成此项功能。既可以在 then 子句中嵌套 If 结构，也可是在 Else 子句中嵌套 If 结构，这时最好使用块结构实现。

【步骤】

1. 界面设计

创建应用程序，添加两个窗体 Form1 和 Form2。在 Form1 上添加两个标签、一个文本框和一个命令按钮，在 Form2 上添加一个标签和一个命令按钮。

2. 属性设置

在属性窗口设置每个窗体上的对象的属性，其设置如表 3-4 所示。

表 3-4 属性设置

<table>
<tr><th colspan="2">对 象 名</th><th>属 性 名</th><th>属 性 值</th></tr>
<tr><td rowspan="6">第 1 个窗体</td><td>Form1</td><td>Caption</td><td>验证密码</td></tr>
<tr><td>Label1</td><td>Caption</td><td>请输入密码：</td></tr>
<tr><td>Label2</td><td>Caption</td><td>空</td></tr>
<tr><td rowspan="2">Text1</td><td>PasswordChar</td><td>*</td></tr>
<tr><td>Text</td><td>空</td></tr>
<tr><td>Command1</td><td>Caption</td><td>验证</td></tr>
</table>

<table>
<tr><th colspan="2">对 象 名</th><th>属性名</th><th>属 性 值</th></tr>
<tr><td rowspan="5">第 2 个窗体</td><td>Form2</td><td>Caption</td><td>欢迎</td></tr>
<tr><td rowspan="3">Label1</td><td>Caption</td><td>欢迎使用本程序！</td></tr>
<tr><td>Fontsize</td><td>三号</td></tr>
<tr><td>Fontbold</td><td>True</td></tr>
<tr><td>Command1</td><td>Caption</td><td>关闭</td></tr>
</table>

3. 代码编写如下：

(1) 在第一个窗体上，触发命令按钮的 Click 事件，进行密码验证，其代码如下：

```
Private Sub Command1_Click()
Static i As Integer
If Text1.Text = "abc" Then
Unload Me
Form2.Show
Else
i = i+1
If i<3 Then
Label2.Caption = "密码错误,请重新输入!"
Else
Label2.Caption="3 次输入密码错误,禁止在此输入!"
Text1.Enabled=False
End If
End If
End Sub
```

(2) 在第二个窗体上，触发命令按钮的 Click 事件，将程序结束，代码如下：

```
Private Sub Command1_Click()
End
End Sub
```

4. 调试运行

保存应用程序中的所有文件。运行程序，分别输入正确的密码和错误的密码，进行验证，观察两种情况下程序的运行结果。

【题目 5】 窗体运行时根据不同的时间段显示不同的问候语：0～12 时，显示“上午好!”；12 时以后～18 时，显示“下午好!”；18 时以后～24 时，显示“晚上好!”。单击窗体后，程序运行界面如图 3-5 所示。

【分析】 通过 Time 可以获取当前时间。

【题目 6】 已知如下分段函数，输入 x，求 y。

$$y=\begin{cases}x^3, & x\leqslant 0\\ x+5, & 0<x\leqslant 10\\ -x, & x>10\end{cases}$$

设计如图 3-6 所示的程序界面，使用文本框输入 x 的值，结果 y 的值显示在另一个文本框中。

图 3-5 程序运行界面

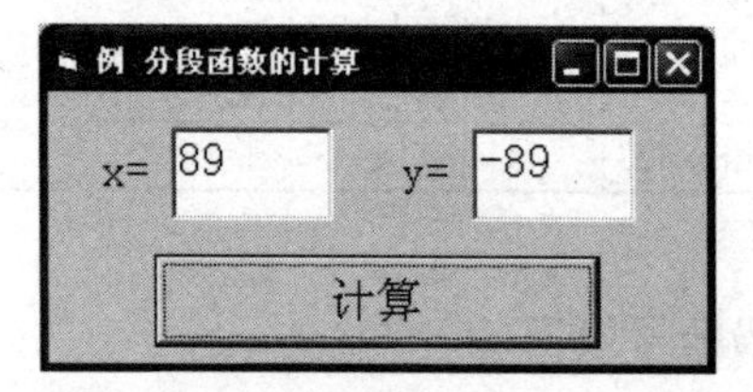

图 3-6 分段函数计算的程序运行界面

【分析】

采用 If…Else If…Else…End If 实现多路分支。

【题目 7】 求一元二次方程 $ax^2+bx+c=0$ 的程序，要求考虑实根、虚根等情况，结果保留 3 位小数位数。设计如图 3-7 所示的程序界面，使用文本框输入方程的系数 a、b、c，通过一元二次方程根的计算公式来求解方程的根。关键是计算 b^2-4ac 的值，根据其值是否大于等于零来决定是实根还是虚根。

$$x_{1,2}=\frac{-b\pm\sqrt{b^2-4ac}}{2a}$$

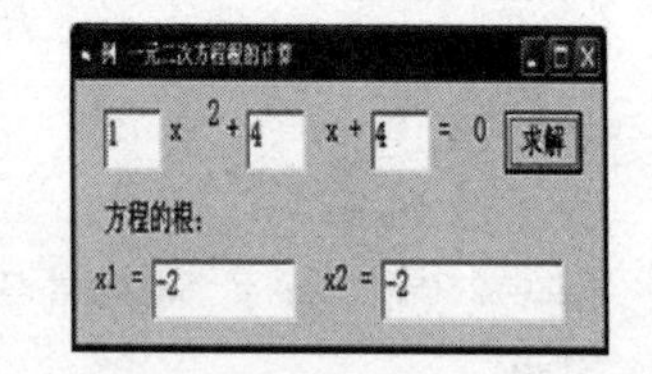

图 3-7 求解一元二次方程根的运行界面

【分析】 采用 If 分支结构。

【题目 8】 商店按购买货物的多少分别给予不同的优惠折扣：

(1) 500 元以下，无优惠；

(2) 500 元(含)～2000 元减价 5%；

(3) 2000 元(含)～5000 元减价 10%；

(4) 5000 元(含)以上减价 20%。

根据应付款计算出实付款数。程序运行界面如图 3-8 所示。

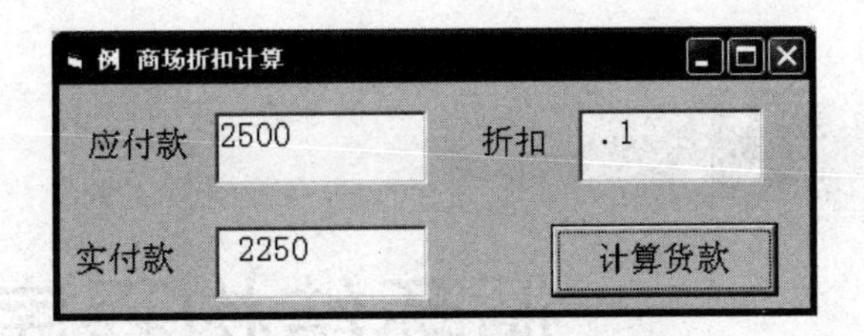

图 3-8　商场折扣计算的运行界面

【分析】 采用 If 分支结构。

循环结构程序设计

一、实验目的与要求

(1) 掌握循环结构程序设计的特点。

(2) 掌握 Do 循环结构程序设计方法。

(3) 掌握 For 循环结构程序设计方法。

(4) 掌握 While 循环结构程序设计方法。

(5) 掌握多重循环结构程序设计方法。

二、实验内容

【题目 1】 找出 500 以内能被 5 整除且能被 7 整除的所有数,显示并计算这些数的累加和。程序运行效果如图 4-1 所示。

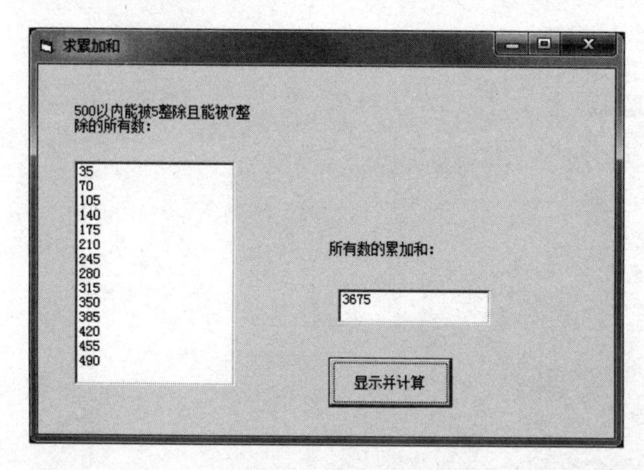

图 4-1 界面设计

【分析】

(1) 找 500 以内符合条件的数,设定 i 从 1 开始逐一变化到 500,判断每一个 i 是否符合条件要求。使用 Do 循环来实现这一过程。当 i 超出 500 时,停止循环的执行。

(2) 判断一个数能否被另一个数整除,使用求余运算 mod。如果余数为 0,则说明能够整除;否则,不能整除。

(3) 如果当前的 i 能被 5 和 7 整除,将其显示在图片框中,并累加到变量 s 中。

(4) 循环结束时,将累加和 s 输出到标签中。

Do 循环结构有两种语法格式：前测试循环结构和后测试循环结构。

- 前测试 Do 循环结构。

```
Do{While|Until}<条件>
<循环体>
[Exit Do]
Loop
```

- 后测试 Do 循环结构。

```
Do
<循环体>
[Exit Do]
Loop{While|Until}<条件>
```

【步骤】

1. 界面设计

创建应用程序，在窗体上添加 3 个标签、1 个图片框和 1 个命令按钮。

2. 属性设置

在属性窗口中设置每个对象的相关属性，其属性如表 4-1 所示。

表 4-1　属性设置

对象名	属性名	属 性 值	对象名	属性名	属 性 值
Form1	Caption	求累加和	Label3	Caption	空
Label1	Caption	500 以内能被 5 整除且能被 7 整除的所有数：		BorderStyle	1-Fixed Single
Label2	Caption	所有数的累加和：	Command1	Caption	显示并计算

3. 代码编写

单击命令按钮时显示并计算，触发 Command1_Click()事件。代码如下：

```
Private Sub Command1_Click()
Dim i As Integer, s As Integer
Do Until i > 500
i = i + 1
If i Mod 5 = 0 And i Mod 7 = 0 Then
Picture1.Print i
s = s + i
End If
Loop
Label3.Caption = s
End Sub
```

4. 调试运行

保存工程和窗体文件。运行程序,单击"显示并计算"命令按钮,结果在控件中显示。

【题目 2】 求 Fibonacci(斐波那契)数列的前 20 项(1,2,3,5,8…)。这是一个整数数列,其变化规律是:某项数等于其前两项数的和,将其输出在窗体上。

【分析】

(1) 已知数列的前两项,从第三项开始,每个数都是其前两个数之和,这是一个典型的递推问题,即若想求第 N 个数,必须先知道第 N－1 和第 N－2 个数。这就需要利用循环结构,从已知的数开始,循环计算,逐个求出每一项的值。

(2) 设定 f1 和 f2 存放已知的前两个数,f3 存放第三个数,即 f3＝f1＋f2。为计算下一个数,每次计算结束必须改变变量 f1 和 f2 的值,将其向后移动,使 f1＝f2,f2＝f3,然后再利用公式 f3＝f1＋f2 计算出新一项的值。如此循环,可得到数列的前 N 项。

(3) 先将已知的前两项输出,在循环中每计算出一项的值输出一项。输出时,限定了格式,使用 Format(f1,"@@@@@@@@")函数,将输出项固定输出长度设为 8 个字符。

(4) 在窗体上控制每行输出 5 个,输出项目以紧凑格式输出,然后使用"If i Mod 5 = 0 Then Print"语句控制换行。

(5) 因为输出的项数是固定值 20 项,所以使用 For 循环控制更简单。

For 循环语法格式如下:

```
For <循环变量> = (初值)To(终值)[Step(步长)]
    (循环体)
    [Exit For]
Next[(循环变量)]
```

【步骤】

1. 界面设计

创建应用程序,在窗体上添加一个命令按钮。

2. 属性设计

只需设置命令按钮的 Caption 属性为"输出前 20 项",其他对象的属性默认即可。

3. 代码编写

单击命令按钮时计算并显示,触发 Command1_Click()事件。代码如下:

```
Private Sub Command1_Click()
Dim f1 As Integer, f2 As Integer, f3 As Integer
f1 = 1
f2 = 2
Print Format(f1,"@@@@@@@@");
Print Format(f2,"@@@@@@@@");
For i = 3 To 20
```

```
f3 = f1 + f2
Print Format(f3, "@@@@@@@@@");
If i Mod 5 = 0 Then Print
f1 = f2
f2 = f3
Next i
End Sub
```

4. 调试运行

保存工程和窗体文件。运行程序,单击"输出前 20 项"按钮,结果在窗体中显示。

【题目 3】 求自然对数 e 的近似值,要求其误差小于 0.000 01,近似公式为:

$$e = 1 + 1/1! + 1/2! + 1/3! + \cdots + 1/n!$$

运行效果如图 4-2 所示。

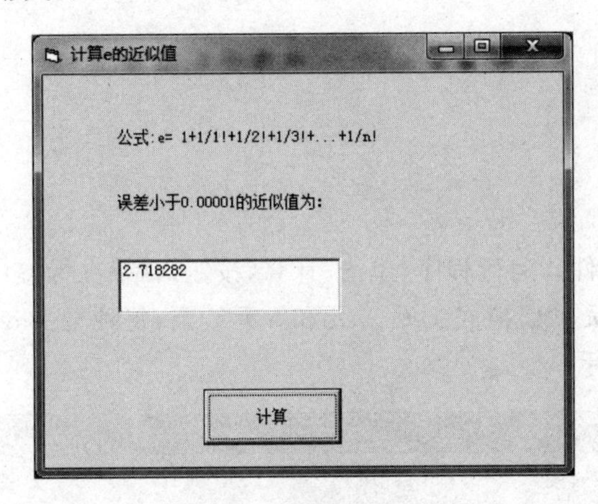

图 4-2 界面设计

【分析】

(1) 要求自然对数 e 的近似值,根据公式可知,e 是 1/n!(n= 0,1,2,3…)的和。

(2) 根据阶乘的性质可知,每一项都可以通过前一项获得,即第 n 项=第 n−1 项×1/n。故可设置初始值 f=1(表示第 1 项),e=1(第一项的值直接复制给 e)。

(3) 程序运行结束的条件是最后一项的值小于 0.000 01。无法判断共有多少项,故可使用 while 循环进行条件判定,当所计算项的值大于 0.000 01 时,则将其累加,并继续计算下一项。

(4) While 循环的语法格式为:

```
While(条件)
循环体
Wend
```

【步骤】

1. 界面设计

创建应用程序,在窗体上添加 1 个命令按钮和 3 个标签。

2. 属性设置

参考界面图自行设置即可。

3. 代码编写

单击命令按钮时计算并显示，触发 Command1_Click()事件。

```
Private Sub Command1_Click()
    Dim n As Integer, f As Single, e As Single
    f = 1 : e = 1
    While f >= 0.00001
    n = n+1
    f = f * 1/n
    e = e+f
    Wend
    Label3.Caption = e
End Sub
```

4. 调试运行

保存工程和窗体文件。运行程序，单击“计算”按钮，结果在标签中显示。

【题目 4】 将 100 元钞票换成 1 元、2 元和 5 元钞票，每种至少 8 张，有多少种方案？程序运行效果如图 4-3 所示。

图 4-3 界面设计

【分析】

(1) 题目中规定每种钞票至少 8 张，这样 100 元中有 1×8+2×8+5×8=64 元已经确定，余下的 36 元可自由选择使用 1 元、2 元和 5 元钞票。故 1 元钞票最多可以使用 8+36/1=44 张，2 元钞票最多可以使用 8+36/2=26 张，5 元钞票最多可以使用 8+36/5=15 张。

(2) 可用 3 个循环，分别控制 1 元、2 元和 5 元的循环次数。在每次循环中，判断所选钞票数之和是否等于 100。如是，则是一种方案，累加到相应变量中。

(3) 由于问题的每次循环次数都能计算出来，故可以用 for 循环的嵌套。

循环嵌套的格式如下：

- 一般形式。

```
For i = …
For j = …
For k = …
Next k
Next j
Next i
```

- 省略 Next 循环变量。

```
For i = …
For j = …
For k = …
Next
Next
Next
```

- 共用一个 Next 语句。

```
For i = …
For j = …
For k = …
Next k,j,i
```

【步骤】

1. 界面设计

用户界面很简单，只要一个命令按钮。

2. 属性设置

只需将命令按钮的 Caption 属性设置为“计算”即可。

3. 代码编写

单击“计算”命令按钮，触发 Command1_Click()事件。代码如下：

```
Private Sub Command1_Click()
   Dim i As Integer, j As Integer, k As Integer
   Dim count As Integer
   For i = 8 to 44
   For j = 8 to 26
   For k = 8 to 15
   If (i + j * 2 + k * 5 = 100) Then
   count = count + 1
```

```
    End If
    Next k
    Next j
    Next i
    Print
    Print "共有";count;"种方案"
End Sub
```

4. 调试运行

保存工程和窗体文件。运行程序，单击“计算”按钮，结果在窗体中显示。

【题目5】 设计一个应用程序，输入一个字符串，将其中的所有小写英文字母加密，其他字符不变。加密规则是：a 变成 z，b 变成 y，c 变成 x，……，z 变成 a，效果如图 4-4 所示。

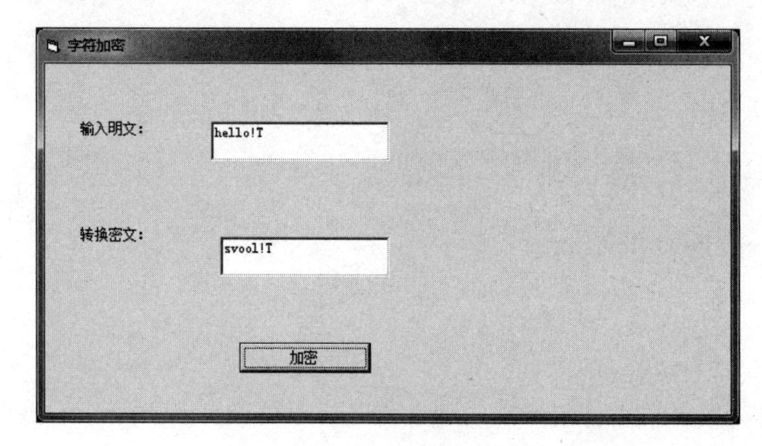

图 4-4 界面设置

程序运行时，输入明文，单击“加密”按钮，在转换密文，并在文本框中显示按转换规则转换的密文。

【分析】

(1) 设明文 ASCII 码值是 x，密文 ASCII 码值是 y，则有 $x-97=122-y$，所以密文转换公式为 $y=219-x$。

(2) 输入的明文是一个字符串，需要逐个字符判断并转换，故需要使用循环。

【题目6】 求任意个数的阶乘累加和。$S=1!+2!+3!+\cdots+n!$，n 由用户输入。

【分析】

n! 可以由以下代码实现：

```
s = 1
For i = 1 To n
s = s * i
Next i
```

【题目7】 凡是满足 $\hat{x}+\hat{y}=\hat{z}$ 的正整数组(x,y,z)就称为勾股数组，如(3,4,5)。找出任意正整数 n 以内的所有勾股数组，将其输出在窗体上。

【分析】

可以参考以下代码：

```
For i = 1 To n
 For j = 1 To n
  For k = 1 To n
  If i * i + j * j = k * k And i <> j And i <> k And j <> k Then
  Print i;j;k
Next k
Next j
Next i
```

【题目 8】 猴子吃桃问题。小猴子有若干桃子，第 1 天吃掉一半多一个，第 2 天吃掉剩下的一半多一个，以此类推，到第 7 天只剩下一个桃子。问小猴子一开始共有多少桃子？

【分析】

假设猴子有 n 个桃子，则

$$n = (0.5 \times n + 1) + (n \times 0.5 \times 0.5 + 1) + (n \times 0.5 \times 0.5 \times 0.5 + 1) + \cdots + 1$$

【题目 9】 按如图 4-5 所示格式输出九九乘法表。

例 九九乘法表

1×1=1	1×2=2	1×3=3	1×4=4	1×5=5	1×6=6	1×7=7	1×8=8	1×9=9
2×1=2	2×2=4	2×3=6	2×4=8	2×5=10	2×6=12	2×7=14	2×8=16	2×9=18
3×1=3	3×2=6	3×3=9	3×4=12	3×5=15	3×6=18	3×7=21	3×8=24	3×9=27
4×1=4	4×2=8	4×3=12	4×4=16	4×5=20	4×6=24	4×7=28	4×8=32	4×9=36
5×1=5	5×2=10	5×3=15	5×4=20	5×5=25	5×6=30	5×7=35	5×8=40	5×9=45
6×1=6	6×2=12	6×3=18	6×4=24	6×5=30	6×6=36	6×7=42	6×8=48	6×9=54
7×1=7	7×2=14	7×3=21	7×4=28	7×5=35	7×6=42	7×7=49	7×8=56	7×9=63
8×1=8	8×2=16	8×3=24	8×4=32	8×5=40	8×6=48	8×7=56	8×8=64	8×9=72
9×1=9	9×2=18	9×3=27	9×4=36	9×5=45	9×6=54	9×7=63	9×8=72	9×9=81

图 4-5 九九乘法表运行界面

【分析】

采用两重循环。

```
For i = 1 To 9
  For j = 1 To 9
s = i & "X" & j & " = " & i * j
Print s,
Next j
Print
Next i
```

【题目 10】 统计文本中字母、数字及其他字符的个数。设计如图 4-6 所示的程序界面，使用一个文本框来接收输入的文本，另外 3 个文本框来输出统计的个数。

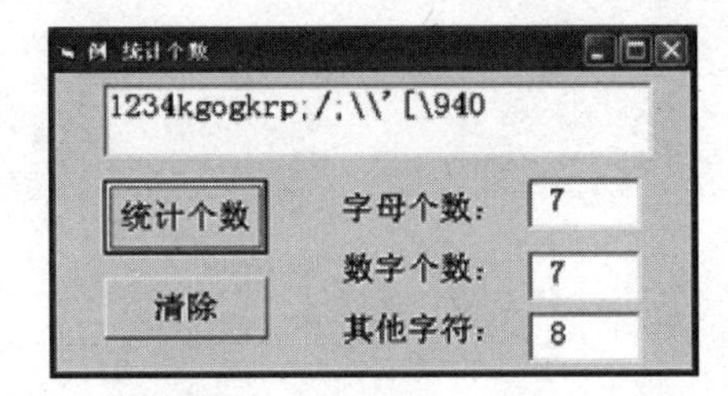

图 4-6 统计个数运行界面

【分析】

参考如下代码：

```
st = Text1.Text
n = Len(st)
For m = 1 To n
  Char = Mid(st, m, 1) '取第 i 个字符
  Select Case Char
    Case "a" To "z"
       i = i + 1
    Case "A" To "Z"
       i = i + 1
    Case "0" To "9"
       j = j + 1
    Case Else
       k = k + 1
    End Select
Next m
```

【题目 11】 输入一个正整数 n,假设 n=4,输出如图 4-7 所示的三角形。

【分析】

(设 n=4)

第 1 行　3 个空格=4－1　　1 个"*"=2×行号－1

第 2 行　2 个空格=4－2　　3 个"*"=2×行号－1

第 3 行　1 个空格=4－3　　5 个"*"=2×行号－1

第 4 行　0 个空格=4－4　　7 个"*"=2×行号－1

图 4-7　输出正三角形的运行界面

通过分析,找出每行空格、* 与行号 i、列号 j 及总行数 n 的关系。由此归纳出：第 i 行的空格数 n－i 个；第 i 行的"*"数是 2×i－1 个。参考代码如下：

```
For i = 1 To n
   For j = 1 To n - i
     Print " ";
   Next j
   For j = 1 To 2 * i - 1
     Print "*";
   Next j
   Print
Next i
```

常用控件的使用与编程(一)

一、实验目的与要求

(1) 通过实验进一步理解 VB 6.0 的控件使用技术。

(2) 进一步掌握标签(Label)、文本框(Text)、命令按钮(Command Button)及单选按钮(Option Button)/复选框(CheckBox)、框体控件(Frame)的基本用法。

二、实验内容

预备知识

(1) Label 控件是图形控件,可以显示用户不能直接改变的文本。

(2) TextBox 是一种通用控件,可以由用户输入文本或显示文本。除非把 TextBox 的 Locked 属性设为 True,否则不能用 TextBox 显示不希望用户更改的文本。

(3) CommandButton 控件可以开始、中断或者结束一个进程。选取这个控件后,CommandButton 显示按下的形状,所以有时也称之为下压按钮。

(4) Option 按钮在任何时刻用户只能从中选择一个选项;复选框(checkBox)也称作检查框,一组复选框控件可以提供多个选项,它们彼此独立工作,用户可以选择其中的一个或多个,也可以一个不选。

(5) Frame 控件,可以是一个容器,可以将其他控件放置在 Frame 控件中。

【题目 1】 标签和文本框综合实验:利用 3 个文本框输入学生的姓名、性别和年龄,并且在一个标签上显示该学生的资料,其他 3 个标签提示用户在各个文本框输入的内容。

【分析】

按照以下步骤设计程序。

【步骤】

1. 设计界面

首先启动一个新的项目,在屏幕空白的窗体上,通过双击工具箱中的控件,依次向窗体上添加 4 个 Label 控件、3 个 TextBox 控件和 3 个 ComboButton 控件,添加控件后的窗体如图 5-1 所示。

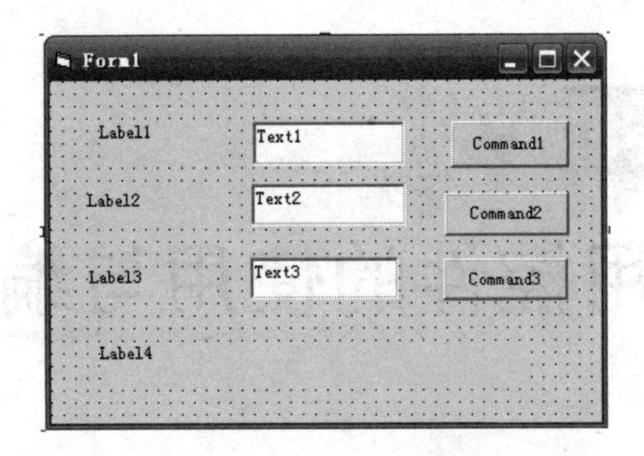

图 5-1 设计界面

2. 对齐控件

窗体上的控件摆放得有些乱,需要重新布置用户的界面。现在用鼠标在窗体上拖出一个矩形框,把 Label1、Label2、Label3 选中,松开鼠标。这 3 个控件就成为一个控件组,可以作为一个整体移动。它们的四周出现称作尺寸句柄的小矩形框,其中一个尺寸句柄为蓝色的控件是主控件,单击控件组中的任一控件,该控件就会变成主控件,如图 5-2 所示。

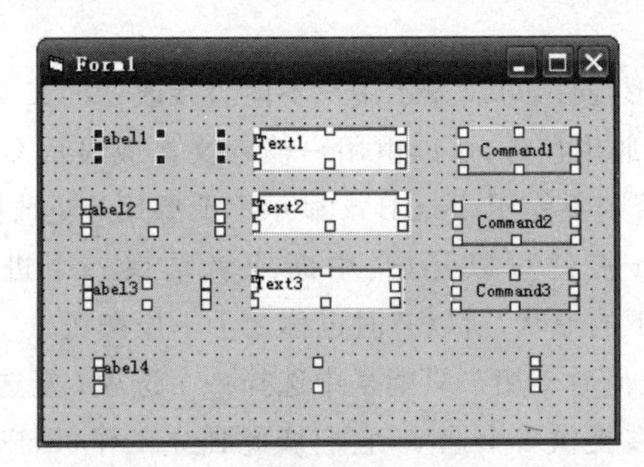

图 5-2 主界面

然后单击菜单栏中的"格式"|"对齐"|"左对齐"命令,则控件组中的控件都朝主控件向左看齐;单击"格式"|"垂直间距"|"相同间距"命令,则控件组中的控件垂直向上均匀分布。用这样的方法可以设计出整齐美观的界面。

3. 设置控件属性

控件的属性设置如表 5-1 所示。此时,设计好的应用程序图形用户界面如图 5-3 所示。

表 5-1 控件的属性设置

控 件	属 性	设 置
Label1	(Name)	lblName
	Caption	姓名:
	BackStype	0-Transparent (透明)
	BorderStyle	0-None (不加边框)

续表

控　件	属　性	设　置
Label2	(Name)	lblSex
	Caption	性别：
	BackStype	0-Transparent
	BorderStyle	0-None
Label3	(Name)	lblAge
	Caption	年龄：
	BackStype	0-Transparent
	BorderStyle	0-None
Label4	(Name)	lblPrintArea
	Caption	
	BackStype	1-Opaque（不透明）
	BorderStyle	1-Fixed Style（单线边框）
Text1	(Name)	txtName
Text2	(Name)	txtSex
Text3	(Name)	txtAge
Command1	(Name)	cmdInput
	Caption	输入
Command2	(Name)	cmdPrint
	Caption	显示
Command3	(Name)	CmdQuit
	Caption	退出

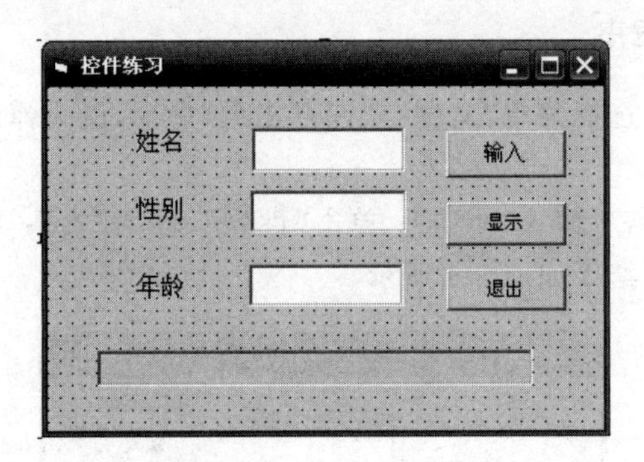

图 5-3　用户界面

4. 编写代码

(1) 在窗体中双击“姓名”标签，即可进入代码窗口。在其中添加代码，如下所示：

```
Private Sub lblName_Click()
  txtName.SetFocus       '单击标签 lblName 后，文本框 txtName 将获得输入焦点。
End Sub
```

(2) 在窗体中双击“性别”标签,即可进入代码窗口。在其中添加代码,如下所示:

```
Private Sub lblSex_Click()
  txtSex.SetFocus
End Sub
```

(3) 在窗体中双击“年龄”标签,即可进入代码窗口。在其中添加代码,如下所示:

```
Private Sub lblAge_Click()
  txtAge.SetFocus
End Sub
```

(4) 在窗体中双击“输入”按钮,即可进入代码窗口。在其中添加代码,如下所示:

```
Private Sub cmdInput_Click()
   txtName.Text = "" '清空文本框
   txtSex.Text = ""
   txtAge.Text = ""
End Sub
```

(5) 在窗体中双击“显示”按钮,即可进入代码窗口。在其中添加代码,如下所示:

```
Private Sub cmdPrint_Click()
  '在显示区显示输入的内容。
  '空格 + 下画线(_)表示续行。
  lblPrintArea.Caption = lblName.Caption & ":" & txtName.Text _
  & lblSex.Caption & txtSex.Text _
  & lblAge.Caption & txtAge.Text
End Sub
```

5. 存储文件,运行程序

完成以上的工作后,选择菜单“文件”|“保存工程”命令,就会弹出存储文件的对话框,输入文件名。

运行程序,单击“姓名”,输入“邓洁”;单击“性别”,输入“女”;单击“年龄”,输入 24,单击“显示”按钮,程序运行结果如图 5-4 所示。

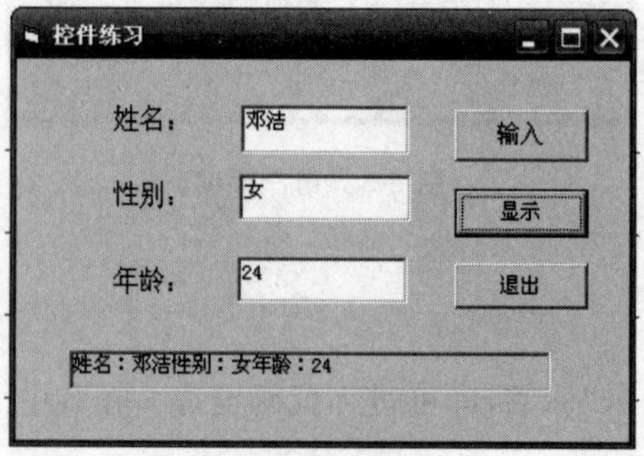

图 5-4 运行效果

【题目 2】 框体控件及算术函数综合实验，本实验利用标签(Label)、文本框(Text)、命令按钮(Command Button)、单选按钮(Option/Radio Button)和框体控件(Frame)进行随机数实验的操作。

【分析】

按照以下步骤设计程序。

【步骤】

1. 设计界面

设计界面如图 5-5 所示。设置控件及属性，主要控件属性如表 5-2 所示。

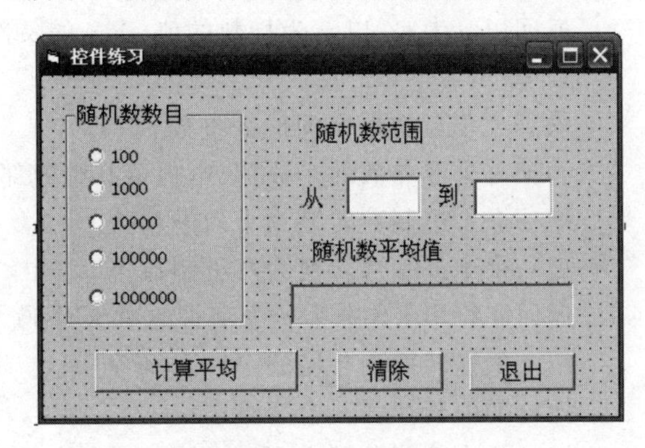

图 5-5　界面设计

表 5-2　主要控件属性

控　　件	属　　性	设　　置
Text1	(Name)	txtStart
	Caption	
Text2	(Name)	txtEnd
	Caption	
Label1	(Name)	lblAverage
	BorderStyle	1-Fixed Style (单线边框)
CommandButton1	(Name)	cmdAverage
	Caption	计算平均值
CommandButton2	(Name)	cmdClr
	Caption	清除
CommandButton3	(Name)	CmdQuit
	Caption	退出
Option1 注：设置 5 个	(Name)	optNumber
	Caption	100

2. 编写代码

VB 中主要使用如下函数：

(1) 算术函数。

- Rnd(x)　　产生一个0～1的单精度随机数。
- Sin(x)　　返回自变量x的正弦值。
- Cos(x)　　返回自变量x的余弦值。
- Tan(x)　　返回自变量x的正切值。
- Atn(x)　　返回自变量x的反正切值。
- Abs(x)　　返回自变量x的绝对值。
- Sgn(x)　　返回自变量x的符号。
- Sqr(x)　　返回自变量x的平方根,x必须是大于或等于0。
- Exp(x)　　返回以e为底、以x为指数的值,求e的x次方。

(2) 转换函数。

- Int(x)　　求不大于自变量x的最大整数。
- Fix(x)　　去掉一个浮点数的小数部分,保留其整数部分。
- Hex$(x)　　把一个十进制数转换为十六进制数。
- Oct$(x)　　把一个十进制数转换为八进制数。
- Asc(x$)　　返回字符串x$中第一个字符的ASCII码。
- Chr$(x)　　把x的值转换为相应的ASCII码字符。
- Str$(x)　　把x的值转换为一个字符串。
- Cint(x)　　把x的小数部分四舍五入,转化为整数。
- Ccur(x)　　把x的值转换为货币类型值,小数部分保留4位且四舍五入。
- CDbl(x)　　把x的值转换为双精度数。
- CLng(x)　　把x的小数部分四舍五入转换为长整数型数。
- CvSng(x)　　把x的值转换为单精度数。
- CVar(x)　　把x的值转换为变体类型值。

(3) 代码编写。

① 在窗体中双击"计算平均"按钮,即可进入代码窗口。在其中添加代码,如下所示:

```
Private Sub cmdAverage_Click()
v0 = Val(txtStart.Text)
dv = Val(txtEnd.Text) - v + 1
Sum = 0
For k = 0 To 4
   If optNumber(k).Value = True Then Exit For
Next k

n = 10 ^(k + 2)

For k = 1 To n
  v = v0 + dv * Rnd
  Sum = Sum + v
Next k
```

```
lblAverage.Caption = Int(Sum / n * 100000 + 0.5) / 100000

End Sub
```

② 在窗体中双击“清除”按钮，即可进入代码窗口。在其中添加代码，如下所示：

```
Private Sub cmdClr_Click()
   txtStart.Text = ""
   txtEnd.Text = ""
   lblAverage.Caption = ""
End Sub
```

3. 存储文件，运行程序

完成以上的工作后，选择菜单“文件”|“保存工程”命令，就会弹出存储文件的对话框，输入文件名。

运行程序，结果如图 5-6 所示。

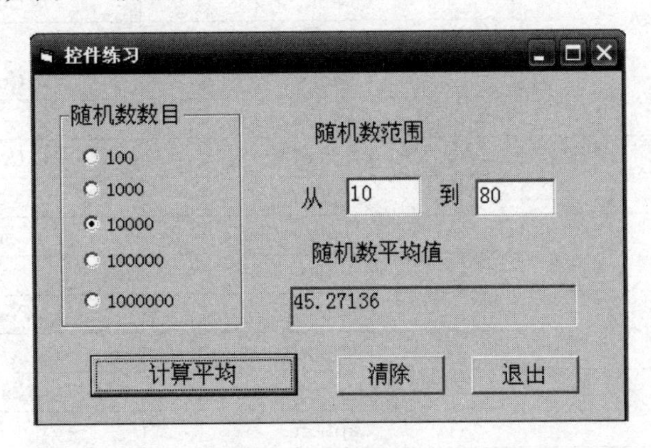

图 5-6　运行结果

【题目 3】 利用 CommandButton 控件来编制计算器应用程序，在这个计算器应用程序中可以进行简单的加减乘除运算。

【分析】

按照以下步骤设计程序。

【步骤】

1. 设计界面

首先启动一个新的项目，在屏幕上就会出现一个空白的窗体，向窗体上添加 17 个 CommandButton 控件和一个 TextBox 控件，其中 TextBox 控件的作用是显示用户的输入及运算结果，而 CommandButton 的作用是提供数字键、运算符及“清除”按钮，添加控件后的窗体如图 5-7 所示。

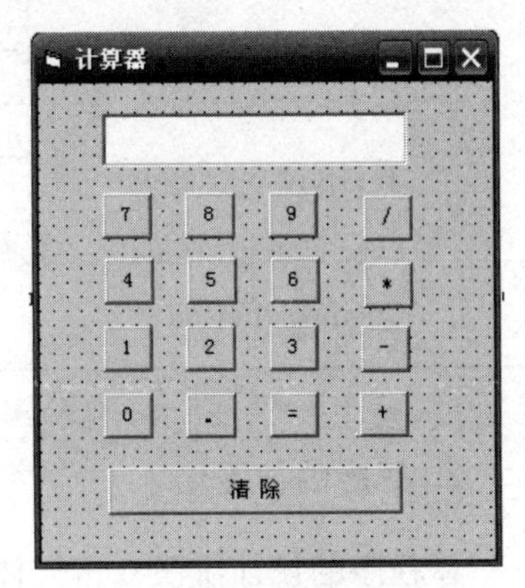

图 5-7　界面设计

其中控件的属性设置如表 5-3 所示。

表 5-3 控件的属性设置

CommandButton	(Name)	Command1(0)
	Caption	"0"
CommandButton	(Name)	Command1(9)
	Caption	"9"
CommandButton	(Name)	Command1(8)
	Caption	"8"
CommandButton	(Name)	Command1(7)
	Caption	"7"
CommandButton	(Name)	Command1(6)
	Caption	"6"
CommandButton	(Name)	Command1(5)
	Caption	"5"
CommandButton	(Name)	Command1(4)
	Caption	"4"
CommandButton	(Name)	Command1(3)
	Caption	"3"
CommandButton	(Name)	Command1(2)
	Caption	"2"
CommandButton	(Name)	Command1(1)
	Caption	"1"
CommandButton	(Name)	Command1(10)
	Caption	"."
CommandButton	(Name)	Command1(11)
	Caption	"="
CommandButton	(Name)	Command1(12)
	Caption	"/"
CommandButton	(Name)	Command1(13)
	Caption	"*"
CommandButton	(Name)	Command1(14)
	Caption	"-"
CommandButton	(Name)	Command1(15)
	Caption	"+"
TextBox	(Name)	Text1
	Text Alignment	Right Justify(右对齐)
CommandButton	(Name)	Command2
	Caption	清除

2. 程序的初始化

在程序的设计阶段双击窗体，在弹出的代码窗口中找到程序的声明段，并在其中添加下列代码：

```
Dim flag As Boolean '定义一个标志变量
```

```
Dim num1 As Double
Dim num2 As Double '定义两个 Double 型变量存储用户的输入
```

程序说明：开始执行程序时，调用程序声明段中的代码，即首先通过语句

```
Dim flag As Boolean
```

定义一个标志变量，用来判断用户在同一个数据的输入过程中是否单击过“.”按钮，然后通过以下语句

```
Dim num1 As Double
Dim num2 As Double
Dim num3 As Integer
```

来定义两个 Double 型变量存储用户的输入。

在代码窗口中找到窗体的 Form_Load()事件，并且在其中添加窗体的初始化代码，如下所示：

```
Private Sub Form_Load()
    flag = True
    num1 = 0
    num2 = 0 '程序的初始化
End Sub
```

程序说明：在窗体的初始化代码中，首先通过一个赋值语句

```
flag = True
```

来设置“.”按钮处于有效的状态，然后设置参与运算的两个 Double 型变量的初始值为 0。

3. 响应按钮的按键动作

(1) 在代码窗口中选择控件 Command1 的 Command1_Click(Index As Integer)事件。

在 Command1_Click(Index As Integer)事件中添加下列代码：

```
Private Sub Command1_Click(Index As Integer)
Select Case Index
   Case 1, 2, 3, 4, 5, 6, 7, 8, 9, 0
      Text1.Text = Text1.Text & Index                    '如果是数字键
   Case 10
     If flag Then
        Text1.Text = Text1.Text & "."
     End If
     flag = False                                        '如果是小数点
   Case 12, 13, 14, 15
     num2 = Index
     num1 = Val(Text1.Text)
     Text1.Text = ""
     flag = True                                         '如果是小数点
  Case 11
```

```
        If num2 = 12 Then
          Text1.Text = num1 / Val (Text1.Text)
        End If
        If num2 = 13 Then
          Text1.Text = Val(Text1.Text) * num1
        End If
        If num2 = 14 Then
          Text1.Text = num1 - Val(Text1.Text)
        End If
        If num2 = 15 Then
          Text1.Text = Val(Text1.Text) + num1
        End If
        flag = True                                    '如果是符号"="
    End Select
End Sub
```

程序说明：在程序的运行过程中单击 Command1 控件，程序就会通过控件的 Index 属性来判断用户单击了哪个按钮。

如果用户按下的是数字键(Case 1,2,3,4,5,6,7,8,9,0)，那么在文本框中显示这个字符(Text1. Text = Text1. Text & Index)；

如果用户按下的是小数点键(Case 10)，如果条件满足的话，就要在文本框中的用户输入数据之后显示一个小数点(Text1. Text = Text1. Text"")；

如果用户按下的是运算符键(Case 12,13,14,15)，那么程序首先通过语句

```
num1 = Val(Text1.Text)
```

来保存用户刚才的输入数据，然后清空文本框，等待用户的下一次输入；否则就是符号"="(Case 11)，显示运算的输出结果。

(2) 在代码窗口中选择控件 Command2 的 Command2_Click 事件，进行结果的清除。

```
Private Sub Command2_Click()
 Text1.Text = ""
End Sub
```

4. 存储文件

完成以下工作后，选择菜单"文件"|"保存"命令，在"文件名"输入框中输入文件名，单击"保存"按钮，就可以存储窗体文件，用户也可以在存储窗体文件的同时存储工程文件。

5. 运行程序

结果如图 5-8 所示。

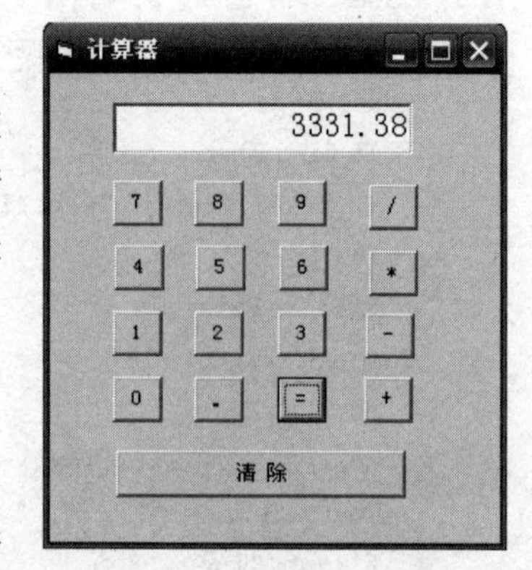

图 5-8 程序运行结果

【题目 4】 设计一个字体设置程序，界面如图 5-9 所示。程序运行后，单击"宋体"或"黑体"单选按钮，可将所选

字体应用于标签，单击“结束”按钮则结束程序。在属性窗口中按表 5-4 设置各对象的属性。

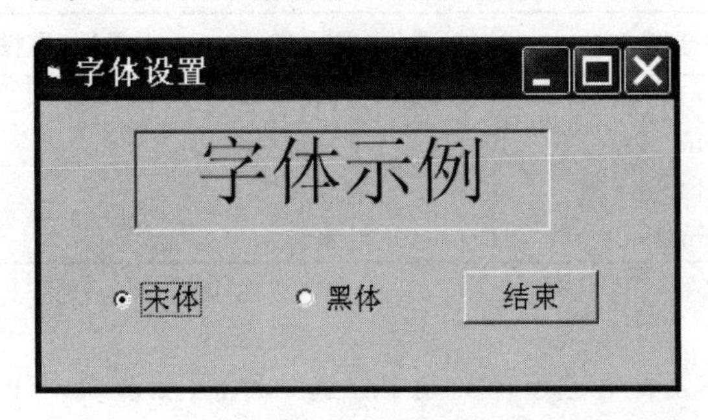

图 5-9　字体设置(1)

表 5-4　各对象的主要属性设置

对　　象	属性(属性值)	属性(属性值)	属性(属性值)	属性(属性值)
窗体	Name(Form1)	Caption("字体设置")		
标签	Name(lblDisp)	Caption("字体示例")	Alignment(2)	BorderStyle(1)
单选按钮 1	Name(optSong)	Caption("宋体")		
单选按钮 2	Name(optHei)	Caption("黑体")		
命令按钮	Name(cmdEnd)	Caption("结束")		

【分析】

字体属性设置：

```
lblDisp.FontName = "宋体"
```

【题目 5】　创建一个应用程序，通过对文本控制的选择，改变标签中文本“字体示例”的表现形式。界面如图 5-10 所示。要求：程序运行后，单击各复选框，可将所选字形应用于标签，单击“结束”按钮则结束程序。在属性窗口中按表 5-5 设置各对象的属性。

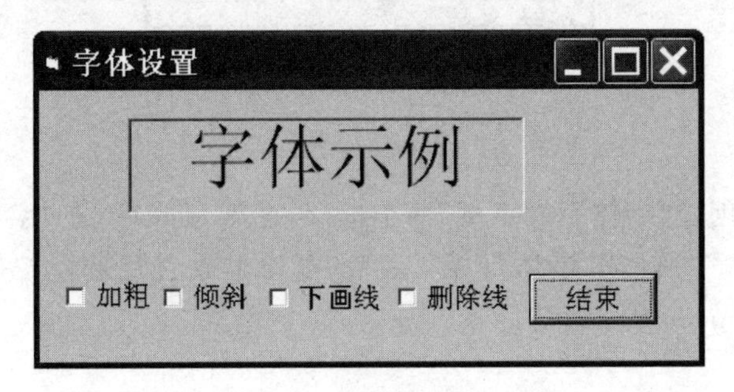

图 5-10　字体设置(2)

表 5-5　各对象的主要属性设置

对　　象	属性(属性值)	属性(属性值)	属性(属性值)	属性(属性值)
窗体	Name(Form1)	Caption("字体设置")		
标签	Name(lblDisp)	Caption("字体示例")	Alignment(2)	BorderStyle(1)
检查框 1	Name(chkBold)	Caption("加粗")		

续表

对　象	属性(属性值)	属性(属性值)	属性(属性值)	属性(属性值)
检查框 2	Name(chkItalic)	Caption("倾斜")		
检查框 3	Name(chkUline)	Caption("下画线")		
检查框 4	Name(chkSth)	Caption("删除线")		
命令按钮	Name(cmdEnd)	Caption("结束")		

【分析】

字体样式选择是在 4 种可选字体类型中任选一种,可从选项中任意选择一个、两个或不选,符合复选框控件的使用条件。

参考代码:

```
Private Sub chkBold_Click()                         '设置加粗
 If chkBold.Value = 1 Then
   lblDisp.FontBold = True
 Else
   lblDisp.FontBold = False
 End If
End Sub
```

【题目 6】 设计如下程序,使程序运行后,分别单击字体、字型,就会使标签中的文字按规定的效果显示,如图 5-11 所示。

图 5-11　框架、复选框和单选按钮的应用

【分析】

在窗体上,首先创建“字体”和“字型”两个框架,框架建好后,在“字体”框架上放置单选按钮,分别表示“宋体”“黑体”“楷体”; 在“字型”框架上放置复选框控件,分别表示“粗体”“斜体”“下画线”。

常用控件的使用与编程(二)

一、实验目的与要求

(1) 通过实验进一步理解和掌握 VB 6.0 的控件使用技术。

(2) 掌握常用控件列表框(ListBox)、组合框(ComboBox)、滚动条(ScrollBar)、计时器(Timer)、图像框(Image)、图片框(PictureBox)、直线(Line)、形状(Shape)的基本用法。

(3) 掌握键盘鼠标事件编程技巧。

二、实验内容

预备知识:

(1) ListBox 和 ComboBox 为用户提供了选择。按照默认规定,选项以垂直单列方式显示,也可以设置成多列方式。如果项目数量超过 ComboBox 和 ListBox 所能显示的数目,ScrollBar 自动出现在控件上,于是可以在列表中上下左右滚动。

(2) ComboBox 兼有 TextBox 和 ListBox 两者的功能,该控件允许用户通过输入文本或选择列表中的项目来进行选择。

(3) 滚动条通常与 TextBox 或窗口一起使用,但有时也可作输入设备。因为 ScrollBar 控件可按比例指示当前位置,所以可以单独使用以控制程序输入,如控制声音的音量或调整图片颜色。HscrollBar(水平)和 VscrollBar(垂直)控件是单独的,它们有自己的事件、属性和方法集。ScrollBox 控件与附属于 TextBox、ListBox、ComboBox 或 MDI 窗体的内部 ScrollBar 不同(TextBox 和 MDI 窗体具有 ScrollBar 属性,可增加或删除附属于控件的 ScrollBar)。

(4) VB 6.0 中的 Timer 控件通过定期激活 Timer 事件,使得 Timer 控件可以每隔一个时间就执行一次 Timer 事件中的代码。

【题目 1】 列表框实验:从一个列表框向另外的列表框中添加选项。

【分析】 按如下步骤设计程序。

【步骤】

1. 界面设计

首先启动一个新的项目,在屏幕上就会出现一个空白的窗体,向窗体上添加两个 ListBox 控件和一个 CommandButton 控件,添加控件后的窗体如图 6-1 所示。

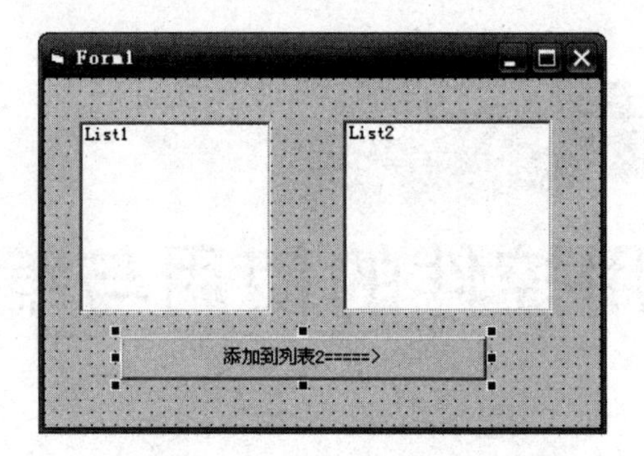

图 6-1 添加控件后的窗体

其中控件的属性设置如表 6-1 所示。

表 6-1 控件的属性设置

CommandButton	(Name)	Command1
	Caption	添加到列表 2=====>
ListBox	(Name)	List1
	MultiSelect	2-Extended
ListBox	(Name)	List1
	TabIndex	1

2. 程序的初始化

在程序的设计阶段,在窗体上双击,在弹出的代码窗口中找到窗体的 Form_Load()事件,并且在其中添加程序的初始化代码如下:

```
Private Sub Form_Load()
    List1.AddItem "北京"
    List1.AddItem "上海"
    List1.AddItem "重庆"
    List1.AddItem "哈尔滨"
    List1.AddItem "深圳"
    List1.AddItem "广东"
    List1.AddItem "珠海"
    List1.AddItem "汕头"
    List1.AddItem "海南"
    '以上初始化控件 List1
    List2.Clear '初始化控件 List2
End Sub
```

在程序的初始化代码中,首先向 List1 中添加了 10 个选项,然后通过一条语句 List2.Clear 把控件 List2 清空。

3. 响应按钮的单击动作

双击控件 Command1,在代码窗口中的光标就会自动地跳转到控件 Command1 的

Command1_Click()事件处，在该事件中添加下列代码：

```
Private Sub Command1_Click()
   For i = 0 To List1.ListCount - 1
    If List1.Selected(i) Then
      List2.AddItem List1.List(i)
    End If
    Next i
End Sub
```

4. 运行程序

存储文件，按键盘上的 F5 功能键运行程序，程序运行的初始画面如图 6-2 所示。

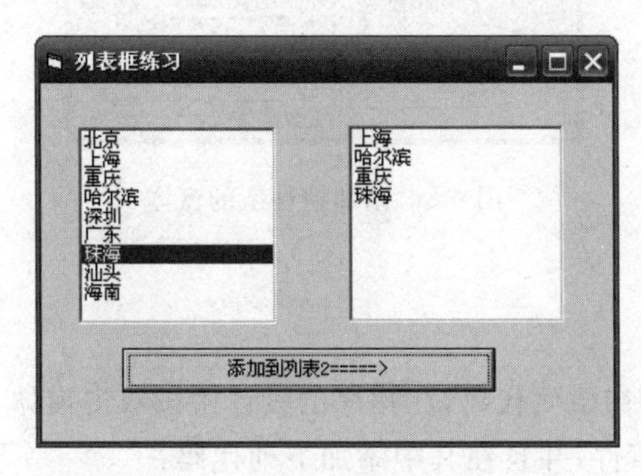

图 6-2 程序运行的初始画面

在程序运行的初始画面中，由于执行了 List2. Clear 语句，所以控件 List2 被清空了，在列表框 List1 中用 Shift 键、Ctrl 键和鼠标键选择选项，单击“添加到列表 2=======>”。

【题目 2】 组合框与列表框综合实验。

【分析】 按如下步骤设计程序。

【步骤】

1. 界面设计

首先启动一个新的项目，在屏幕上就会出现一个空白的窗体，向窗体上添加 CommandBox 控件、ListBox 控件、CommandButton 控件，控件的属性设置如表 6-2 所示。添加控件后的窗体如图 6-3 所示。

表 6-2 控件的属性设置

ComboBox	(Name)	Combo1
	Style	0-Dropdown Combo
ListBox	(Name)	List1
	MultiSelect	2-Extended
CommandButton	(Name)	Command1
	Caption	列表框有效
CommandButton	(Name)	Command2
	Caption	列表框无效

续表

CommandButton	(Name)	Command3
	Caption	列表框显示
CommandButton	(Name)	Command4
	Caption	列表框隐藏

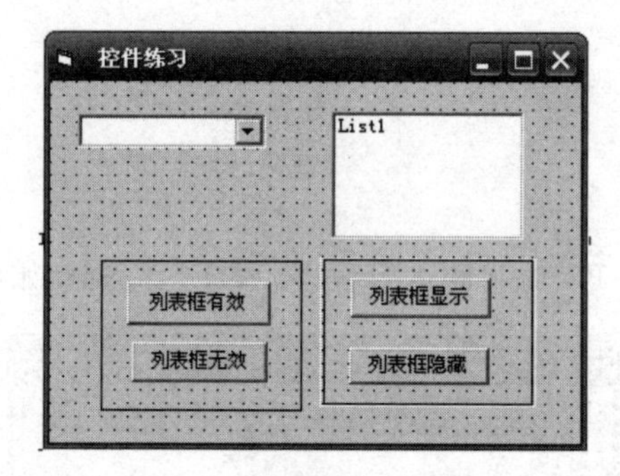

图 6-3　添加控件后的窗体

2. 添加代码

(1) 首先添加程序的初始化代码,在程序的设计阶段双击窗体,在弹出的代码窗口中找到窗体的 Form_Load()事件,并且在其中添加下列代码:

```
Private Sub Form_Load()
    Combo1.AddItem "北京"
    Combo1.AddItem "上海"
    Combo1.AddItem "哈尔滨"
    Combo1.AddItem "重庆"
    '以上代码初始化控件.
    List1.AddItem "北京"
    List1.AddItem "上海"
    List1.AddItem "哈尔滨"
    List1.AddItem "重庆"
    List1.Enabled = False
End Sub
```

程序说明:在程序的初始化代码中,通过 4 次反复地调用控件 Combo1 的 AddItem 方法向控件的列表框中添加了 4 个选项——北京、上海、哈尔滨和重庆。

(2) 接着添加响应在控件上单击引起控件状态变化的代码,在窗体上双击控件 Combo1,在弹出的代码窗口中找到控件的 Combo1_Click()事件,在其中添加下列代码:

```
Private Sub Combo1_Click()
Select Case Combo1.Text
    Case "北京"
    MsgBox "北京 -- 中国的首都"
```

```
        Case "上海"
        MsgBox "上海 -- 中国的经济中心"
        Case "哈尔滨"
        MsgBox "哈尔滨 -- 冰城"
        Case "重庆"
        MsgBox "重庆 -- 山城"
    End Select
    End Sub
```

程序说明：在程序的运行过程中，打开控件 Combo1，选中控件的一个选项，比如选中了“哈尔滨”，就会激活语句

```
MsgBox "哈尔滨——冰城"
```

显示一个输出对话框。

(3) 列表框的有效、无效、显示、隐藏的代码：

```
Private Sub Command1_Click()
List1.Enabled = True
End Sub
```

```
Private Sub Command2_Click()
List1.Enabled = False
End Sub
```

```
Private Sub Command3_Click()
List1.Visible = True
End Sub
```

```
Private Sub Command4_Click()
List1.Visible = False
End Sub
```

3. 运行程序

存储文件，按键盘上的 F5 功能键运行程序，程序运行的结果如图 6-4 所示，在列表框中用户不但可以选择一个选项，而且可以自己输入一个新的选项。

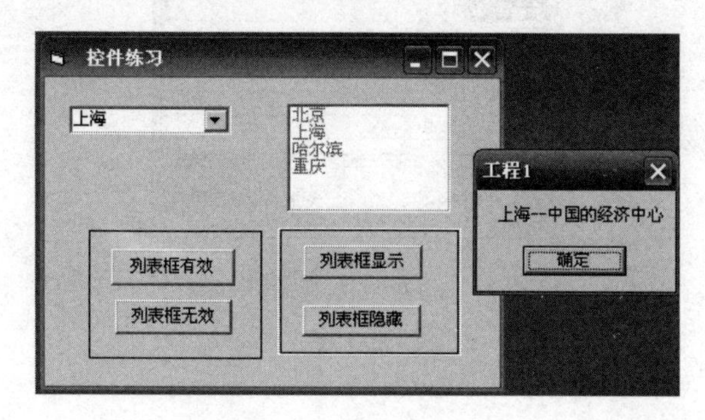

图 6-4 程序的运行结果

【题目 3】 计时器实验,通过 Timer 控件、CheckBox 控件的应用,显示系统当前的时间和日期,并且可以随时改变系统的时间和日期。

【分析】 按如下步骤设计程序。

【步骤】

1. 界面设计

首先启动一个新的项目,在屏幕上就会出现一个空白的窗体,在窗体上放置一个 Timer 控件、两个 CommandButton 控件、六个 TextBox 控件、六个 Label 控件和一个 CheckBox,其中各个控件的作用如下所示。

- Timer 控件:提供系统时间;
- CommandButton 控件:为更改系统提供控制;
- TextBox 控件:显示系统时间和系统日期,更改系统时间和系统日期;
- Label 控件:显示文本;
- CheckBox 控件:转换 Timer 控件的状态。

其界面如图 6-5 所示。Timer 控件的属性设置如图 6-6 所示。

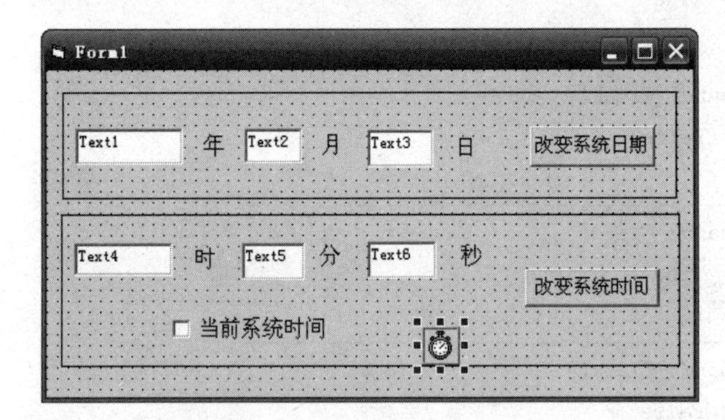

图 6-5 添加控件后的窗体

图 6-6 Timer 控件属性设置

2. 程序的初始化

(1) 在程序的设计阶段双击窗体,在弹出的代码窗口中找到窗体 Form_Load()事件,并且在其中添加程序的初始化代码如下:

```
Private Sub Form_Load()
    Text1.Text = Year(Date)
    Text2.Text = Month(Date)
    Text3.Text = Day(Date) '控件的初始化——显示当前的系统日期
End Sub
```

程序说明：当程序开始执行时，首先调用窗体 Form_Load()事件中的代码，所以在控件 Text1、Text2 和 Text3 中就显示当前系统的日期：—年—月—日。

(2) 在程序的运行阶段，只要 Timer 控件的 Enable 属性处于有效的状态，那么每隔由 Interval 属性所指定的时间间隔就会自动激活一次 Timer1_Timer()，执行下面的代码：

```
Private Sub Timer1_Timer()
    Text4.Text = Hour(Time)
    Text5.Text = Minute(Time)
    Text6.Text = Second(Time) '显示当前的系统时间
End Sub
```

程序说明：激活 Timer1_Timer()后，程序就会通过调用 3 个函数：Hour()、Minute()和 Second()来显示当前系统的时间——时分秒。

3. 响应控件的 Click 事件

(1) 首先添加对 CheckBox 控件的响应代码如下：

```
Private Sub Check1_Click()
    If Check1.Value Then
    Timer1.Enabled = True
    Else
    Timer1.Enabled = False
    End If
    '转换计时器控件的状态
End Sub
```

程序说明：在程序的运行过程中，单击 CheckBox 控件就会激活控件的 Check1_Click()事件，然后程序开始检测 CheckBox 控件的状态，根据 Value 属性的设置来设置 Timer 控件的有效状态，以决定是否显示系统当前的时间。

(2) 添加对 CheckBox 控件的响应代码后，在窗体上分别双击控件 Command1 和控件 Command2，在弹出的代码窗口中添加对 CommandButton 控件的响应代码如下：

```
Private Sub Command1_Click()
  Dim MyDate As Date                                       '定义一个日期变量
  MyDate = DateSerial(Text1.Text,Text2.Text,Text3.Text)  '转换变量类型
  Date = MyDate                                            '改变系统当前日期
    End Sub

  Private Sub Command2_Click()
  Dim MyTime As String                                     '定义一个字符串变量
```

```
    MyTime = TimeSerial(Text4.Text,Text5.Text,Text6.Text) '转换变量类型
    Time = MyTime                                         '改变当前时间
End Sub
```

程序说明：在添加的代码中，DateSerial()和 TimeSerial()函数分别用来把其他类型的变量转换成日期和时间的变量；

Date 和 Time 分别代表系统当前的日期和时间，也即给它们赋值就可以改变系统的日期和时间。

4. 运行程序

存储文件，运行程序，初始画面如图 6-7 所示。

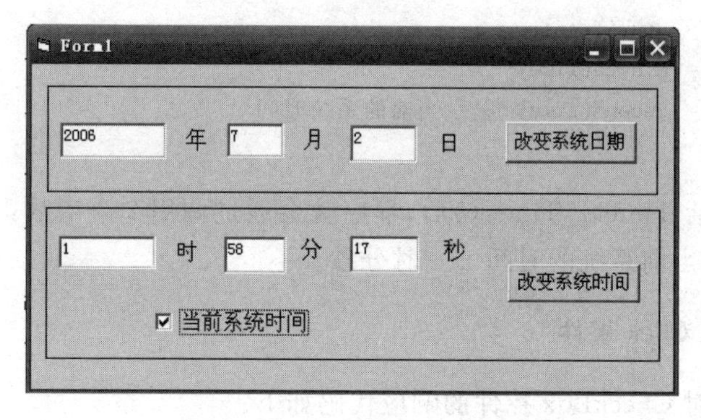

图 6-7 程序运行的初始画面

在程序运行的窗体上单击"当前系统时间"控件，就会显示系统的当前时间，而再次单击它时，时间的显示又停止了，这时可以在文本输入框中输入想要修改的日期和时间，然后单击相应的按钮，修改后的日期和时间可在计算机系统桌面右下角时间图标中查看。

【题目 4】 创建一个应用程序，使用滚动条来设置字体大小的程序，界面如图 6-8 所示。要求为：

(1) 在文本框中输入 1～100 内的数值后，滚动条的滚动框会滚动到相应位置，同时标签的字号也会相应改变。

(2) 当滚动条的滚动框的位置改变后，文本框中也会显示出相应的数值，标签的字号也会相应改变。

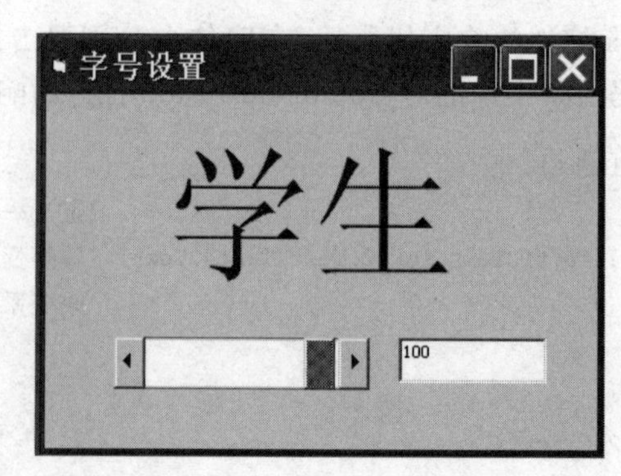

图 6-8 用滚动条设置字号界面

各个控件及属性按表 6-3 设置。

表 6-3　各对象的主要属性设置

对　象	属性(属性值)	属性(属性值)	说　明
窗体	Name(Form1)	Caption("字号设置")	
标签	Name(ztDisp)	Caption("学生")	用来显示字体
水平滚动条	Name(hsbFontSize)		用来调整字体的大小
文本框	Name(txtFontSize)		用来显示字体的大小的数字

【分析】

程序参考如下代码：

```
Private Sub Form_Load()
  ztDisp.FontSize = 10                                   '初始化字体大小为 10
  hsbFontSiZe.Min = 1
  hsbFontSiZe.Max = 100
  hsbFontSiZe.SmallChang = 1
  hsbFontSize.LargeChang = 5
  hsbFontSiZe.Value = 10
  txtFontSiZe.Text = "10"
End Sub
Private Sub hsbFontSize_Change()                         '滚动条的 Change 事件
  ztDisp.FontSize = hsbFontSize.Value
  txtFontSiZe.Text = Str(hsbFontSize.Value)
End Sub
Private Sub txtFontSize_Change()                         '文本框的 Change 事件
    If IsNumeric(txtFontSize.Text) And Val(txtFontSize.Text) >= _
    hsbFontSize.Min And Val(txtFontSize.text) <= hsbFontSize.Max Then
      hsbFontSize.Value = Val(txtFontSize.Text)
  Else
      txtFontSize.Text = "无效数据"
  End If
End Sub
```

【题目 5】　设计一个倒计时程序，界面如图 6-9 所示，程序运行结果如图 6-10 所示。

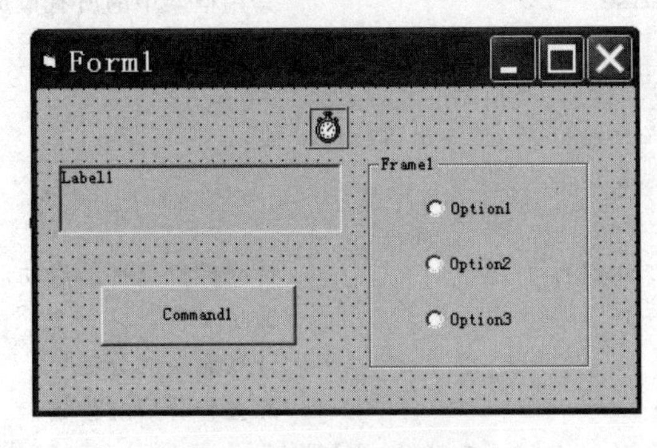

图 6-9　倒计时设计界面

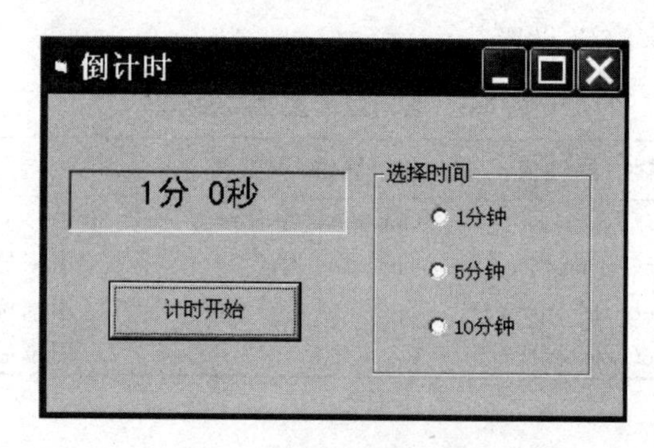

图 6-10　程序运行结果

程序要求如下：

(1) 程序运行后，通过单选按钮选择计时时间(默认为 1min)，单击“计时开始”按钮进行倒计时。

(2) 在标签中显示计时情况，计时结束后在标签中显示“时间到”。

(3) 单选按钮和“计时开始”按钮在计时开始后被禁用，直到计时结束后才可以使用。

在属性窗口中按表 6-4 设置各对象的属性。

表 6-4　各对象的主要属性设置

对　　象	属性(属性值)	属性(属性值)	属性(属性值)	属性(属性值)
窗体	Name(Form1)	Caption("倒计时")	BorderStyle(1)	
框架	Name(Frame1)	Caption("选择时间")		
单选按钮 1	Name(optOne)	Caption("1 分钟")	Value(True)	
单选按钮 2	Name(optFive)	Caption("5 分钟")		
单选按钮 3	Name(optTen)	Caption("10 分钟")		
标签	Name(lblTime)	Caption("1 分 0 秒")	BorderStyle(1)	Alignment(2)
命令按钮	Name(cmdStart)	Caption("计时开始")		
时钟	Name(Timer1)	Interval(1000)	Enabled(Fatse)	

【分析】 参考代码如下：

```
Private Sub cmdStart_Click()                    '命令按钮,开始倒计时
cmdStart.Enabled = False
Frame1.Enabled = False                          '禁用框架中的所有单选按钮
mm = pretime \ 60
ss = pretime Mod 60
lblTime.Caption = Str(mm) & "分" & Str(ss) & "秒"
Timer1.Enabled = True
End Sub
Private Sub Timer1_Timer()                      '计时控件事件的启动,每 1 秒启动一次
Pretime = Pretime - 1                           '减少 1 秒
mm = pretime \ 60                               '计算剩余的分钟
ss = pretime Mod 60                             '除去整分后的秒数
lblTime.Caption = Str(mm) & "分" & Str(ss) & "秒"
```

```
If mm = 0 And ss = 0 Then
  lblTime.Caption = "时间到!"
  Timer1.Enabled = False
  Frame1.Enabled = True
  cmdStart.Enabled = True
End If
End Sub
```

【题目 6】 设计如图 6-11 所示的添加和删除程序，根据要求编写相应的事件代码。

图 6-11　添加和删除

(1) 在组合框中输入内容后，单击“添加”按钮，如果组合框中没有该内容，则将输入内容加入到列表中，否则将不添加，另外要求组合框中内容能自动按字母排序。

(2) 在列表中选择某一选项后，单击“删除”按钮，则删除该项。在组合框中输入内容后，单击“删除”按钮，若列表中有与之相同的选项，则删除该项。

(3) 单击“清除”按钮，将清除列表中的所有内容。

【分析】

删除列表框中的选项：

```
Combo1.RemoveItem Combo1.ListIndex
```

【题目 7】 设计如图 6-12 所示的“偶数迁移”程序。根据要求编写相应的事件代码。

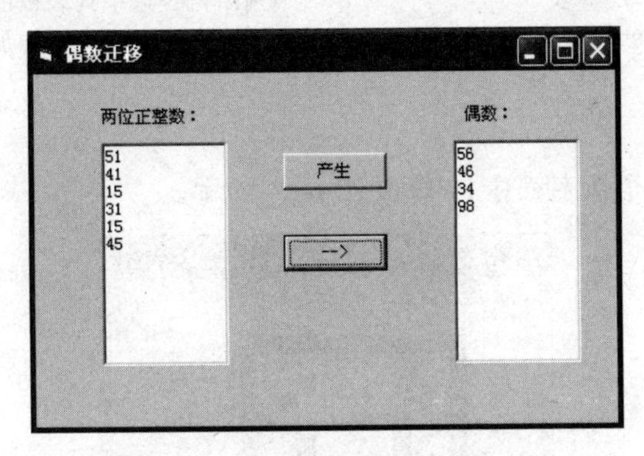

图 6-12　“偶数迁移”程序运行效果

(1) 窗体的左边有一个标签 Label1，标题为“两位正整数：”，标签的下面是一个列表框 List1。

(2) 窗体的右边有一个标签 Label2，标题为“偶数：”，标签的下面是一个列表框 List2。

(3) 单击“产生”按钮(Command1),计算机产生 10 个两位正整数,并放入列表框 List1 中,同时清空列表框 List2 中的内容。

(4) 单击“-->”按钮(Command2),将列表框 List1 中所有偶数迁移到列表框 List2 中。

【分析】

偶数迁移:

```
If List1.List(i) % 2 = 0 Then
   List2.AddItem List1.List(i)
End If
```

【题目 8】 设计一个如图 6-13 所示的点歌程序。窗体包含两个列表框,当双击歌谱列表框中的某首歌时,此歌便添加到已点歌曲列表框中,在已点歌曲列表框双击某歌时,此歌便被删除。

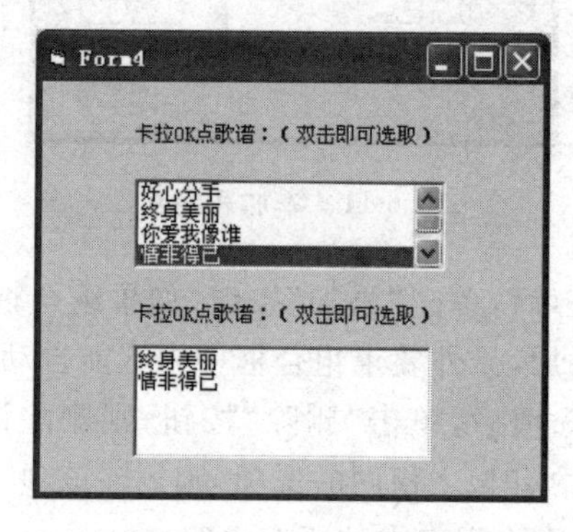

图 6-13 点歌程序

【分析】

添加条目参考代码如下:

```
For i = 0 To List1.ListCount - 1
 If List1.Selected(i) Then                  '判断是否选中列表框的内容
   List2.AddItem List1.List(i)              '把列表框 1 的内容添加到列表框 2 中
 End If
Next i
```

【题目 9】 设计一个造字程序,界面如图 6-14 所示。

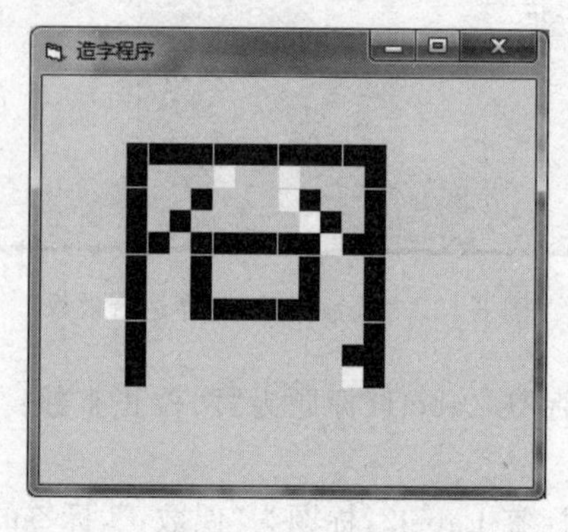

图 6-14 造字程序

【分析】

参考代码如下：

```
Private Sub Form_Load()                         '初始化标签控件数组
    Dim i As Integer, j As Integer, n As Integer
    n = 0
    For i = 0 To 15
         For j = 0 To 15
            lblFont(n).Left = j * 200
            lblFont(n).Top = i * 200
            n = n + 1
            If i * j < 15 * 15 Then
                Load lblFont(n)
                lblFont(n).Visible = True
            End If
        Next j
        Next i
End Sub
Private Sub lblFont_MouseDown (Index As Integer, Button As Integer, Shift As Integer, _
                            X As Single, Y As Single)
    If Button = vbLeftButton Then               '左键画点
        lblFont(Index).BackColor = vbBlack
    ElseIf Button = vbRightButton Then
        lblFont(Index).BackColor = vbWhite '右键清除
    End If
End Sub
```

【题目 10】 编写一个龟兔赛跑的小游戏，界面如图 6-15 所示。

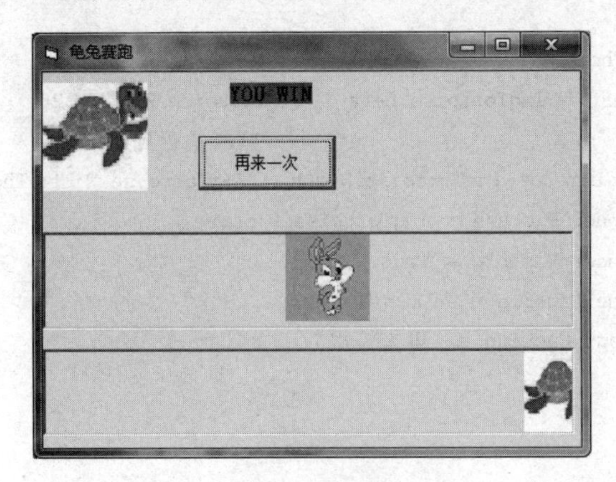

图 6-15　龟兔赛跑

【分析】

参考代码如下：

```
Dim n As Integer
```

```
Private Sub cmdStart_Click()
If cmdStart.Caption = "开始" Then
    If lblTime.Caption = "STOP" Then
        Timer1.Enabled = True                    '开始倒计时
    End If
Else
    cmdStart.Caption = "开始"
    Form_Load                                    '重新开始
End If
End Sub
Private Sub cmdStart_KeyDown(KeyCode As Integer, Shift As Integer)
Static r As Integer, t As Integer                '判断轮到谁跑
If lblTime.Caption = "RUN" Then
    Select Case KeyCode
        Case vbKeyA: r = 1                       '按 A 键
        Case vbKeyS: If r = 1 Then r = 2         '按 S 键
        Case 186: t = 1                          '按分号键
        Case 222: If t = 1 Then t = 2            '按引号键
    End Select
    If r = 2 Then                                '兔子跑
        ImgRabbit.Left = ImgRabbit.Left + PicRabbit.Width / 20
        r = 0                                    '判断是否到达终点
        If ImgRabbit.Left >= PicRabbit.Width - ImgRabbit.Width Then
            ImgWinner.Picture = ImgRabbit.Picture
            ImgWinner.Visible = True
            lblTime.Caption = "YOU WIN"
            cmdStart.Caption = "再来一次"
        End If
    ElseIf t = 2 Then
    ImgTortoise.Left = ImgTortoise.Left + PicTortoise.Width / 20
    t = 0                                        '判断是否到达终点
    If ImgTortoise.Left >= PicTortoise.Width - ImgTortoise.Width Then
            ImgWinner.Picture = ImgTortoise.Picture
            ImgWinner.Visible = True
            lblTime.Caption = "YOU WIN"
            cmdStart.Caption = "再来一次"
     End If
    End If
   End If
  End Sub
Private Sub Form_Load()                          '倒计时计数器
 Timer1.Enabled = False
 lblTime.Caption = "STOP"
 ImgWinner.Left = 0
 ImgRabbit.Left = 0
```

```
 PicRabbit.TabStop = False                    '禁止定位焦点
 PicTortoise.TabStop = False                  '禁止定位焦点
 n = 5
End Sub
Private Sub Timer1_Timer()
  If n <> 0 Then
    lblTime.Caption = LTrim(Str(n))
Else
    lblTime.Caption = "RUN"                   '开始比赛
    Timer1.Enabled = False
End If
n = n - 1
End Sub
```

【题目 11】 模拟时钟。在窗体中加入 1 个 Shape 控件、3 个 Line 控件、1 个时钟控件和 2 个标签。程序运行界面如图 6-16 所示。

图 6-16 模拟时钟

【分析】

参考代码如下：

```
Dim r As Single, x0 As Integer, y0 As Integer    '半径及圆心
Dim dx As Single                                 '每一度对应的弧度
Private Sub Form_Load()
  Form1.ScaleHeight = 2600
  Form1.ScaleWidth = 3000
  dx = 3.1416 / 180
  Timer1.Enabled = True
  Form1.AutoRedraw = True
End Sub
Private Sub Form_Resize()
  Dim i As Integer
  Form1.Cls
  Timer1.Interval = 1000
  Shape1.Height = Form1.ScaleHeight * 3 / 2
  x0 = Form1.ScaleWidth / 2
  y0 = Form1.ScaleHeight / 2
```

```
    Shape1.Move x0 - Shape1.Width / 2, y0 - Shape1.Height / 2     '移圆至窗体中心
    Line1.X1 = x0                                                  '移指针一端至窗体中心
    Line2.X1 = x0
    Line3.X1 = x0
    Line1.Y1 = y0
    Line2.Y1 = y0
    Line3.Y1 = y0
    r = Shape1.Width / 2 - 40
    For i = 0 To 330 Step 30                                       '画电子钟的刻度线
        If i Mod 90 = 0 Then
          Form1.DrawWidth = 5
          Form1.ForeColor = vbRed
        Else
          Form1.ForeColor = vbBlue
          Form1.DrawWidth = 3
        End If
         Form1.Line (x0 + r * Sin(i * dx), y0 - r * Cos(i * dx)) - (x0 + r * 0.85 * Sin(i * dx), _
                  y0 - r * 0.85 * Cos(i * dx))
    Next i
    Form1.ForeColor = vbBlack
    For i = 0 To 330 Step 30                                       '写电子钟的时间刻度值
        Form1.CurrentX = x0 + r * 0.7 * Sin(i * dx) - 100
        Form1.CurrentY = y0 - r * 0.7 * Cos(i * dx) - 100
        Form1.Print i \ 30
    Next i
End Sub
Private Sub Timer1_Timer()
    Dim h As Integer, m As Integer, s As Integer           '时、分、秒
    Dim hh As Single, mm As Single, ss As Single           '时、分、秒所对应的角度数
    Label2 = Time
    h = Hour(Time)
    m = Minute(Time)
    s = Second(Time)
    If s = 0 Then Beep
      ss = s * 6                                           '1 秒转过 6°
      mm = (m + s / 60) * 6                                '1 分钟转过 6°
      hh = (h + m / 60 + s / 3600) * 30                    '1 小时转过 30°
      '确定指针的另一端位置
      Line1.X2 = x0 + r * 0.4 * Sin(hh * dx)
      Line1.Y2 = y0 - r * 0.4 * Cos(hh * dx)
      Line2.X2 = x0 + r * 0.6 * Sin(mm * dx)
      Line2.Y2 = y0 - r * 0.6 * Cos(mm * dx)
      Line3.X2 = x0 + r * 0.8 * Sin(ss * dx)
      Line3.Y2 = y0 - r * 0.8 * Cos(ss * dx)
End Sub
```

【题目 12】 画金刚石图案。首先重新定义坐标系，利用圆上的角度来获得正多边形的角点并存储在数组 px 和 py 中，然后用双重循环来实现任意两点之间的对角线互连。程序执行界面如图 6-17 所示。

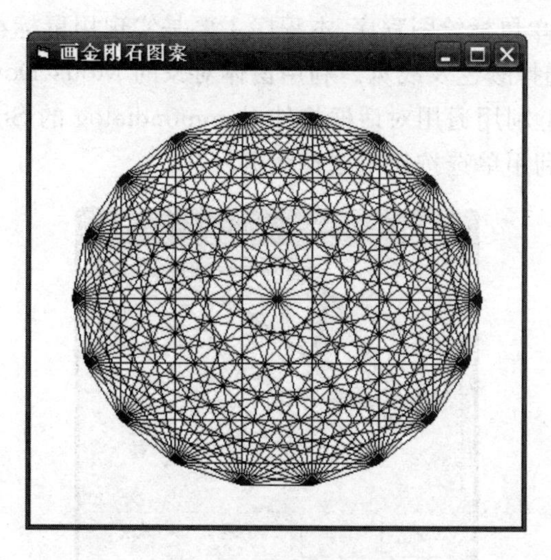

图 6-17　画金刚石图案

【分析】

参考代码如下：

```
Option Explicit
Const Pi As Double = 3.1415926
Private Sub Form_Load()
Randomize
Form1.BackColor = vbWhite
Form1.ForeColor = RGB(Rnd * 255, Rnd * 255, Rnd * 255)    '采用随机颜色
Form1.Scale(-60, 60) - (60, -60)                            '重新定义坐标系
End Sub
Private Sub Form_Click()
    Cls
    Dim n, x0, y0, r As Integer
    n = 18                                                  '角点个数
    r = 50                                                  '取角点的圆的半径
    Dim px(), py() As Double
    ReDim px(n), py(n)
    Dim i, j As Integer
    For i = 1 To n
        px(i) = x0 + r * Cos(i * 2 * Pi / n)
        py(i) = y0 + r * Sin(i * 2 * Pi / n)
    Next i                                                  '计算直线的端点坐标并存入数组
    For i = 1 To n
        For j = 1 To i - 1
            Line (px(i), py(i)) - (px(j), py(j))
```

```
        Next j
    Next i                                          '连接任意 2 个端点
End Sub
```

【题目 13】 设计简单鼠标绘图程序，本程序主要是实现用鼠标在窗体上绘图，如图 6-18 所示，在绘图过程中可选择颜色及线宽。利用窗体对象的 MouseDown 和 MouseMove 事件实现鼠标在窗体上绘图；利用通用对话框控件 Commondialog 的 ShowColor 方法可实现前景色和背景色的选取；利用单选按钮来选择线宽。

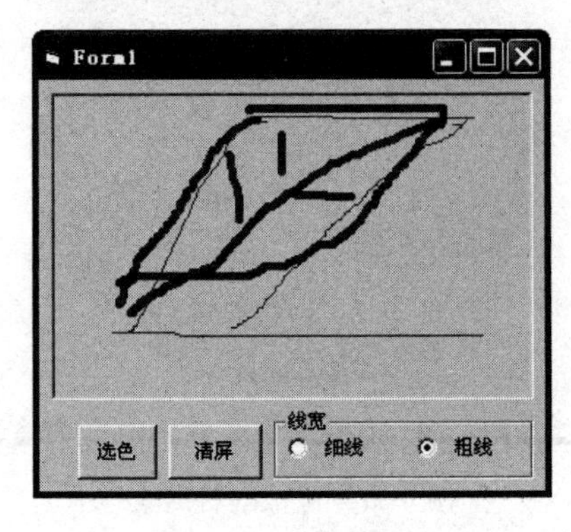

图 6-18 鼠标绘图示例

【分析】

程序参考代码如下：

```
Private Sub Command1_Click()                        '选择绘笔颜色
  CommonDialog1.Action = 3
  Picture1.ForeColor = CommonDialog1.Color
  End Sub
  Private Sub Command2_Click()                      '清除
  Picture1.Cls
End Sub
'当鼠标按下键记录下当前坐标
Private Sub Picture1_MouseDown(Button%, Shift%, X As Single, Y As Single)
  Picture1.CurrentX = X
  Picture1.CurrentY = Y
End Sub
'当鼠标左键按下并移动时画线
Private Sub Picture1_MouseMove(Button%, Shift%, X As Single, Y As Single)
  If Option1.Value = True Then
      Picture1.DrawWidth = 1
  End If
  If Option2.Value = True Then
      Picture1.DrawWidth = 5
  End If
  If Button = 1 Then
      Picture1.Line -(X, Y)
```

```
    End If
End Sub
```

【题目 14】　设计使用 PSet 方法绘制正弦函数图像。程序执行结果如图 6-19 所示。

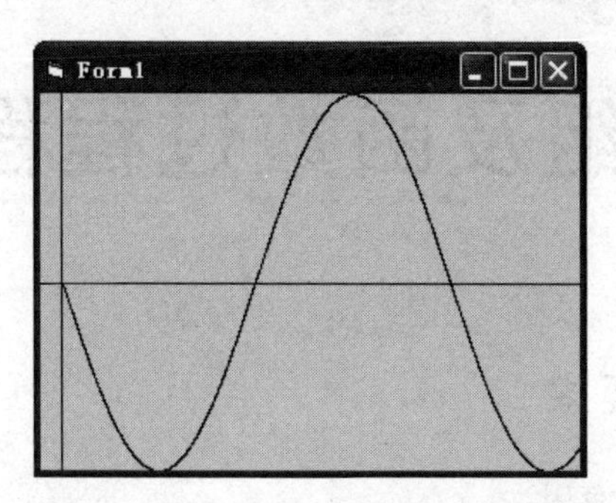

图 6-19　用 PSet 方法绘制正弦函数图像

【分析】

程序参考代码如下：

```
Const PI = 3.1415926
Private Sub Form_Click()
    Form1.Scale (0, 0) - (5000, 2000)
    Line (0, 1000) - (5000, 1000)
    Line (200, 0) - (200, 2200)
    For i = 0 To 5000
        x = 200 + i
        y = 1000 + 1000 * Sin(PI * i / 1800)
        PSet (x, y)
    Next i
End Sub
```

数组及函数过程程序设计

一、实验目的与要求

(1) 掌握数组的定义及使用。

(2) 掌握函数、过程定义及调用和进行程序设计的方法。

二、实验内容

【题目 1】 输入 10 个学生的成绩,将其存入一个一维数组,并在窗体上输出最高分和最低分。完成程序并补充完整。

```
Private Form_Click()
Const N = 10
Dim score(1 To N) As Single, i As Integer, max As Single, min As Single
    For i = 1 To N
        score(i) = Val(InputBox("请输入第" & i & " 个学生的成绩"))
    Next i
    max = ________
    min = score(1)
    For i = 2 To N
        If ________ Then max = score(i)
        If score(i) < min Then min = score(i)
    Next i
    Print "最高分为:" & max, "最低分为:" & min
End Sub
```

【分析】

通过 InputBox 函数将 10 个学生的成绩放在数据类型为单精度实数的一维数组中；然后,先假设第一个学生的成绩是最高分,用循环与另 9 个学生成绩比较,若发现有更高的成绩,则更新最高分；同理,求出最低分。

【题目 2】 随机产生 6 个在[10,100]上的整数,用选择法排序对这 6 个数从大到小(降序)排序,完成程序并补充完整。

程序代码如下：

```
Private Sub Form_Click()
Const N = 6                                   '常数 N 确定数组大小
```

```
Dim sort(1 To N) As Integer, i%, index%, temp%
Randomize
For i = 1 To N
    sort(i) = Int(Rnd * 91) + 10        '产生N个[10,100]之间的随机数存放到数组中
Next i
Print "排序前为: "
For i = 1 To N                          '输出数组
    Print sort(i);
Next i
Print
For i = 1 To N - 1                      '进行N-1遍比较
    index = i                           '对第i遍比较时,开始假定第i个元素最小
    For j = i + 1 To N                  '每次从剩下的元素中选择最小的,因此j是从i+1开始
        If sort(index) < sort(j) Then ________     '记录最小元素的下标
    Next j
    temp = sort(i)
    sort(i) = ________
    sort(index) = temp
Next i
Print "排序后为: "
For i = 1 To N
____________________
Next i
Print
End Sub
```

程序运行结果如图 7-1 所示。

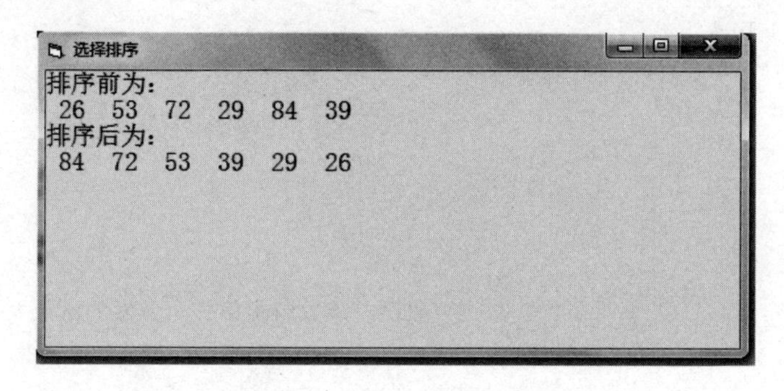

图 7-1　选择排序运行结果

【分析】

(1) 将随机生成的 6 个在[10,100]上的整数依次存放在数组 sort(1),sort(2),…,sort(6)中。

(2) 第 1 趟：先在 sort(1)～sort(6)范围内找最大数,找到后与 sort(1)的值交换,这一趟比较的结果是把 6 个数中最大的数放在 sort(1)中。

(3) 第 2 趟：在剩下的 5 个数 sort(2)～sort(6)中找最大数,找到后与 sort(2)的值交

换,这一趟比较的结果是把 6 个数中第 2 大的数放在 sort(2)中。

(4) 以此类推,第 5 趟后,这个数列已按从大到小(降序)的顺序排列了。

【题目 3】 有如下的一个 3×4 矩阵 a,求矩阵中的最大值及其所在的行和列,程序运行结果如图 7-2 所示,完成程序并补充完整。

$$a = \begin{bmatrix} 12 & 16 & 18 & 13 \\ 21 & 25 & 24 & 36 \\ 37 & 45 & 23 & 34 \end{bmatrix}$$

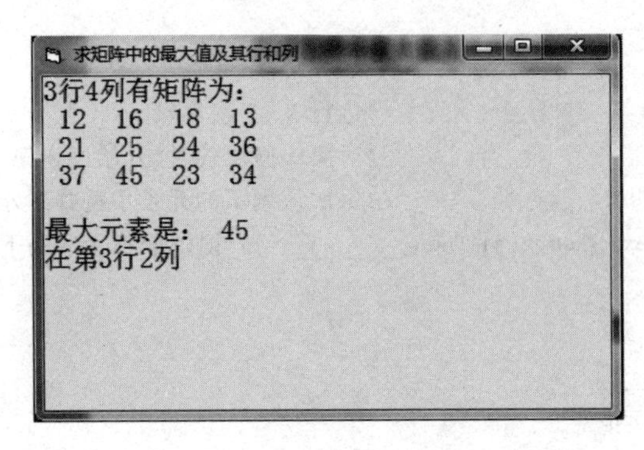

图 7-2 运行结果

程序代码如下:

```
Private Sub Form_Click()
Const N = 3, M = 4
Dim a(1 To N, 1 To M) As Integer
Dim i%, Col%, Row%, Max%, j As Integer
For i = 1 To 3
    For j = 1 To 4
    ________ = Val(InputBox("请输入 a(" & i & "," & j & ")元素的值"))
        Print a(i, j);
    Next j
    Print
Next i
Print
Max = ________                              '假设二维数组中第一个元素的值最大
Row = 1
Col = 1
For i = 1 To N
    For j = 1 To M
        If Max < a(i, j) Then ________
        Row = i                             '记录最大元素的行下标
        col = j                             '记录最大元素的列下标
        End If
     Next j
Next i
Print "最大元素是: "; Max
```

```
Print "在第" & Row & "行" & col & "列"
End Sub
```

【分析】

掌握二维数组 a(i,j)的定义和引用。

【题目 4】 有如下的 3×4 矩阵 a，求矩阵 a 的转置矩阵 b，程序运行结果如图 7-3 所示，完成程序并补充完整。

$$a = \begin{bmatrix} 10 & 11 & 12 & 13 \\ 14 & 15 & 16 & 17 \\ 18 & 19 & 20 & 21 \end{bmatrix}$$

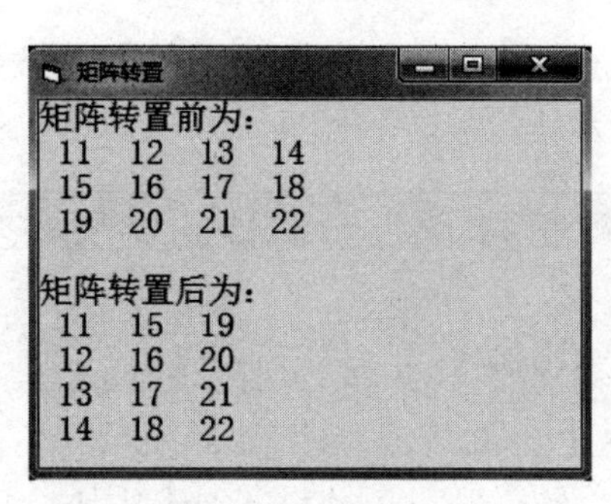

图 7-3　运行结果

程序代码如下：

```
Private Sub Form_Click()
Const N = 3, M = 4
Dim a(1 To N, 1 To M) As Integer
Dim b(1 To M, 1 To N) As Integer
Dim i%, s%, j As Integer
s = 10
Print "矩阵转置前为："
For i = 1 To 3
    For j = 1 To 4
        a(i, j) = s + 1
        s = s + 1
        Print a(i, j);
    Next j
    Print
Next i
Print
For i = 1 To N
    For j = 1 To M
    ________                                '行列互换
    Next j
Next i
Print "矩阵转置后为："
```

```
For i = 1 To M
    For j = 1 To N                    '循环 N 次,输出一行共 N 个元素
    Print b(i, j);
    Next j
    ________                          '输出一行后换行,再输出下一行
Next i
End Sub
```

【分析】

转置就是将原矩阵元素行列互换形成的矩阵,例如原来第一行的元素变成第一列的元素。

【题目 5】 编写程序,建立一个单选按钮数组,用该单选按钮数组来控制图形的填充方式,程序运行界面如图 7-4 所示。

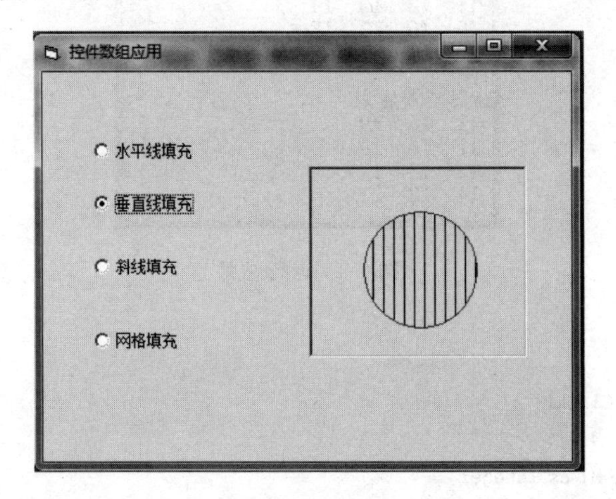

图 7-4　界面设计

程序界面设计:1 个图形控件、4 个单选按钮数组控件和 1 个框架控件,在属性窗口中按表 7-1 设置各个对象的属性值。

表 7-1　各控件对象的属性值设置

控　　件	属　　性	属　性　值	控　　件	属　　性	属　性　值
Form1	Caption	控件数组应用	OptionButton	(Name)	Option1(3)
OptionButton	(Name)	Option1(0)		Caption	网格填充
	Caption	水平填充	Picture		
OptionButton	(Name)	Option1(1)	Shape1	Shape	3-Circle
	Caption	垂直填充		BorderColor	&H000000FF&
OptionButton	(Name)	Option1(2)			
	Caption	斜线填充			

【分析】

基于控件数组的参考代码如下:

```
Select Case Index
```

```
    Case 0
        Shape1.FillStyle = 2
    Case 1
        Shape1.FillStyle = 3
    Case 2
        Shape1.FillStyle = 4
    Case 3
        Shape1.FillStyle = 6
End Select
```

【题目 6】 编程求下列矩阵主对角线上的各个元素之和。

$$\begin{bmatrix} 1 & 2 & 3 \\ 4 & 5 & 6 \\ 7 & 8 & 9 \end{bmatrix}$$

【分析】

矩阵主对角线元素下标满足 $i=j$ 或 $i+j=4$。

【题目 7】 编程通过函数调用计算 10!,并在图片框中输出结果。

【分析】

n! 函数定义代码提示如下:

```
Private Function fact& (n % )
  Dim i %
  fact = 1
  For i = 1 To n
   fact = fact * i
  Next i
End Function
```

【题目 8】 编程输入参数 n 和 m,计算以下组合数的值。

$$C_n^m = \frac{n!}{m!(n-m)!}$$

程序运行界面如图 7-5 所示。将程序补充完整。

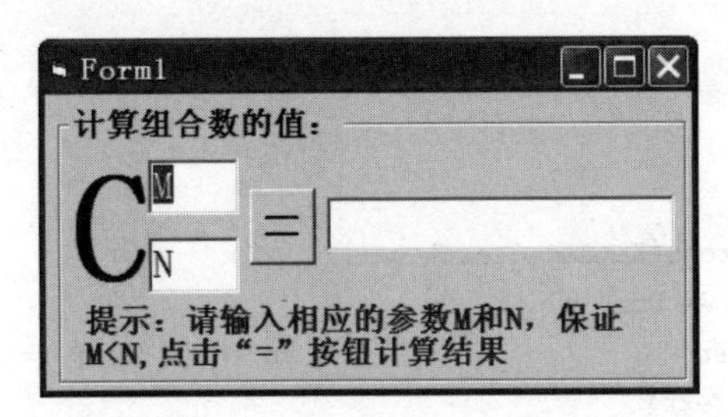

图 7-5　计算组合数的运行界面

程序参考代码如下:

```
Private Function fact(x)                  '计算参数 x 的阶乘函数过程
    p = 1
```

```
    For i = 1 To x
        p = p * i
    Next i
  ________
End Function

Private Function Comb(n, m)                     '计算组合表达式的函数过程
    Comb = ________________
End Function

Private Sub Command1_Click()
    m = Val(Text1(0).Text): n = Val(Text1(1).Text)
    If m > n Then
        MsgBox "请保证参数的正确输入!(m 小于 n)":Exit Sub
    End If
    Text2.Text = Format(comb(n, m), "@@@@")
End Sub
Private Sub Form_Load()                         '程序运行获得焦点时选中文本框中的 M 和 N
    Text1(0).SelStart = 0
    Text1(0).SelLength = 1
    Text1(1).SelStart = 0
    Text1(1).SelLength = 1
End Sub
```

【分析】

该程序中 n!调用为 fact(n)。

【题目 9】 编程利用递归函数计算 n!,将程序补充完整。

程序代码如下:

```
Private Function fact(n) As Double
    If n > 0 Then
        ________                                '递归
    Else
        fact = 1
    End If
End Function

Private Sub Text1_KeyPress(KeyAsciiasInteger)
    Dim n As Integer, m As Double
    If KeyASCII = 13 Then                       '是否为 Enter(回车)键
        n = Val(Text1.Text)
        If n < 0 Or n > 20 Then MsgBox("非法数据!"):Exit Sub
        ____________________                    '调用函数
        Text2.Text = Format(m, "! @@@@@@@@@@")
        Text1.SetFocus
    End If
End Sub
```

执行结果如图 7-6 所示。

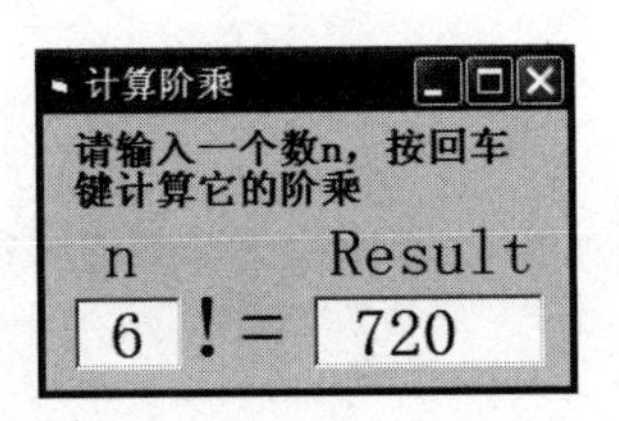

图 7-6 程序运行界面

【分析】

掌握递归函数的调用 m=fact(n)。

【题目 10】 使用 Static 语句的编程,分析程序运行的结果:________。

```
Static Sub Subtest()
  Dim t As Integer                          't 为静态变量
  t = 2 * t + 1
  Print t
End Sub
Private Sub Command1_Click()
  Call Subtest                              '调用子过程 Subtest
 End Sub
```

【分析】

Static 静态变量声明:在第一次调用过程时,分配存储单元,变量进行初始化,以后每次调用过程,变量保持上次调用结束时的值,即静态变量的初始化只发生一次,存储单元直到程序运行结束才释放。

【题目 11】 编写一程序,用矩形法求定积分 $\int_a^b f(x)dx$。将程序补充完整。求定积分:$\int_1^3 \frac{e^x+1}{\log(x)+1}dx$ 。

程序代码如下:

```
Public Function trapez(ByVal a!, ByVal b!, ByVal n% ) As Single     '求积分
 Dim sum!, h!, x!
 h = (b - a) / n                            '将区间 [a, b] 分成 n 等分
 sum = 0
 For i = 1 To n                             '求出 ∑(i=1..n) f(xi)
  x = a + i * h
  sum = sum + f(x)
 Next i
trapez = sum * h                            '求出赋 ∑(i=1..n) f(xi) * h 给函数名 trapez
End Function

Private Sub Command1_Click()
```

```
  ______________                          '打印 trapez 积分值
End Sub

Public Function f(ByVal x!)
  f = (Exp(x) + 1) / (Log(x) + 1)         '对不同的被积函数在此作对应的改动
End Function

Private Sub Picture1_Click()
  Picture1.Scale (0, 40) - (4, 0)
  '画出积分面积图
  For x = 1 To 3 Step 0.01
    y = x * x * x + 2 * x + 5
    Picture1.Line (x, y) - (x, 0)
  Next x
End Sub
```

程序运行结果如图 7-7 所示。

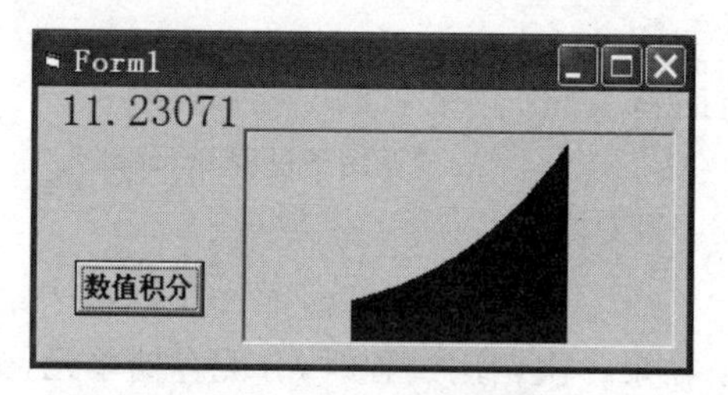

图 7-7 程序运行结果界面

【分析】

掌握函数的调用 trapez(a, b, n)。

【题目 12】 编一个程序，实现一个 R 进制整数转换成十进制整数的值，程序运行结果如图 7-8 所示。

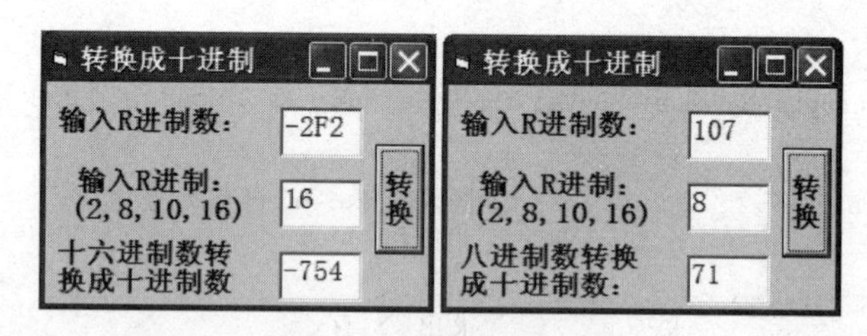

图 7-8 程序运行界面

【分析】

参考源代码如下并补充完整：

```
Option Explicit
Function RTranD(ByVal StrNum$, ByVal r%) As Integer
  Dim sum As Long
  Dim i, n As Integer
```

```
  Dim num, num1 As Integer
  n = Len(StrNum)
  For i = n To 1 Step -1
    num = Mid(StrNum, 1, 1)
    If ____________________ Then
    '如果数码中含有除 0～9 以外的数码值"A"～"Z"要对应的转化成数值 10～15
    Select Case UCase(num)
        Case "A"
            num1 = 10
        Case "B"
            num1 = 11
        Case "C"
            num1 = 12
        Case "D"
            num1 = 13
        Case "E"
            num1 = 14
        Case "F"
            num1 = 15
    End Select
    '处理十六进制 A～F 之间的数的权值
    sum = sum + num1 * r ^(i - 1)
    Else
    '每一位数码与该位置上的权值进行相乘以后再进行十进制相加
        sum = sum + num * r ^(i - 1)
    End If
    If i <> 1 Then
        StrNum = Mid(________, 2)
    End If
  Next i
  ________ = sum
End Function

Private Sub Command1_Click()
    Dim m$, r%, i%
    Dim flag As Integer
    Dim ch$
    If Val(Text1) < 0 Then
        flag = 1
        m = Trim(Mid(Text1, 2))
    Else
        m = Trim(Text1)
    End If
    r = Trim(Val(Text2.Text))
    If r < 2 Or r > 16 Then
```

```
            i = MsgBox("输入的 R 进制数超出范围", vbRetryCancel)
            If i = vbRetry Then
                Text2.Text = ""
                Text2.SetFocus
            Else
                End
            End If
        End If
        '将 R 进制转换成汉字表达
        Select Case r
            Case "2"
                ch = "二"
            Case "8"
                ch = "八"
            Case "16"
                ch = ________
        End Select
        Label3.Caption = ch & "进制数" & "转换成十进制数: "
        If flag = 1 Then
            Text3.Text = - RTranD(m, r)
        Else
            Text3.Text = RTranD(m, r)
        End If
    End Sub
```

【题目 13】 在窗体上画一个名称为 Command1 的命令按钮和两个名称分别为 Text1、Text2 的文本框,如图 7-9 所示,然后编写下列程序:

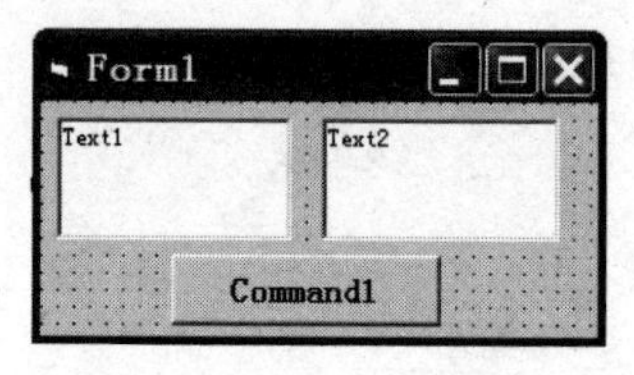

图 7-9 设计界面

```
Function fun(a As Integer, ByVal y As Integer) As Integer
   x = x + y
   If x < 0 Then
     fun = x
   Else
     fun = y
   End If
End Function
Private Sub Command1_Click()
  Dim a As Integer, b As Integer
  a = -10: b = 5
```

```
  Text1.Text = fun(a, b)
  Text2.Text = fun(a, b)
End Sub
```

程序运行后，单击命令按钮，Text1 和 Text2 文本框显示的内容分别是________和________。

【分析】

主要分析函数 fun(a,b)的功能和参数传值及传地址。

多窗体及 MDI 程序设计

一、实验目的与要求

(1) 掌握利用 ActiveX 控件进行窗体设计的方法以及与多窗体操作有关的属性和方法。

(2) 掌握建立 MDI 应用程序的方法，包括设置初始窗体的属性、添加 MDI 窗体、添加子窗体、为子窗体添加代码、为 MDI 窗体添加菜单、添加菜单单击事件响应代码等。

二、实验内容

预备知识：

多窗体指的是应用中有多个窗口界面，这些窗口分别显示在屏幕上，它们之间没有绝对的从属关系。当然，窗口之间存在着出现的先后顺序和相互调用的关系。在多窗体中每个单独的窗体都依照应用功能分类进行设计，所以整个程序的功能更加协调，相互之间的逻辑关系更加容易为用户理解。

一般说来，多窗体设计分成以下几个步骤：

(1) 分析应用要求，将其功能划分为不同的几部分。

(2) 分别创建各个窗体、模块。

(3) 在创建窗体时，除考虑各窗体自身要完成的功能外，还要考虑窗体之间的调用关系。

(4) 单击“工程”|“属性”命令，在“启动对象”中选择应用运行时首先执行的对象。

多文档界面(Multiple Document Interface)是指在一个父窗口下面可以同时打开多个子窗口。子窗口归属于父窗口，如果父窗口关闭，则所有的子窗口全部关闭。常见的 Windows 应用界面，例如 Microsoft Office 的几个组件程序，采用的都是多文档界面。

Microsoft Excel 和 Microsoft Word for Windows 这样的应用程序就是 MDI 界面：它们允许同时显示多个文档，每一个文档都显示在自己的窗口中，MDI 应用程序允许用户同时显示多个文档。文档或子窗口被包含在父窗口中，父窗口为应用程序中所有的子窗口提供工作空间。例如，Microsoft Excel 允许创建并显示不同样式的多文档窗口。每个子窗口都被限制在 Excel 父窗口的区域内。当最小化 Excel 时，所有的文档窗口也被最小化，只有父窗口的图标显示在任务栏中。

子窗体就是 MDIChild 属性设置为 True 的普通窗体。一个应用程序可以包含许多相似或者不同样式的 MDI 子窗体。

在运行时，子窗体显示在 MDI 父窗体的工作空间之内（其区域在父窗体边框以内及标题与菜单栏之下）。当子窗体最小化时，它的图标显示在 MDI 窗体的工作空间之内，而不是在任务栏中。

【题目 1】 以多窗体设计一个产品销售程序。

【分析】 按如下步骤设计。

【步骤】

1. 启动新工程

首先启动一个新的工程，在屏幕上出现一个空白的窗体，对窗体的属性设置如表 8-1 所示。

2. 添加控件

在空白的窗体上添加 5 个 Label 控件、4 个 TextBox 控件和 2 个 CommandButton 控件和 1 个 Frame 框架控件。控件的属性设置如表 8-1 所示。

表 8-1 窗体及控件的属性设置

Form	(Name)	Form1
	BorderStyle Moveable StartUpPosition	3-Fixed Dialog False(窗口不能移动) 2-CenterScreen(屏幕中心)
Frame	(Name)	Frame1
	Caption	年度销售
Label	(Name)	Label1
	Caption Font	公司产品销售情况 华文彩云(3 号字)
Label	(Name)	Label2
	Caption	一季度
Label	(Name)	Label3
	Caption	二季度
Label	(Name)	Label4
	Caption	三季度
Label	(Name)	Label5
	Caption	四季度
Text	(Name)	Text1
	Text	
Text	(Name)	Text2
	Text	
Text	(Name)	Text3
	Text	
CommandButton	(Name)	Command1
	Caption	图形显示
CommandButton	(Name)	Command2
	Caption	退出

这样设置的窗体有以下特性：

(1) 窗体在程序的运行过程中始终位于屏幕的中央；

(2) 窗体的大小不能够在程序的运行过程中改变；

(3) 在程序的运行过程中不能够移动窗体。

添加控件后的窗体如图 8-1 所示。

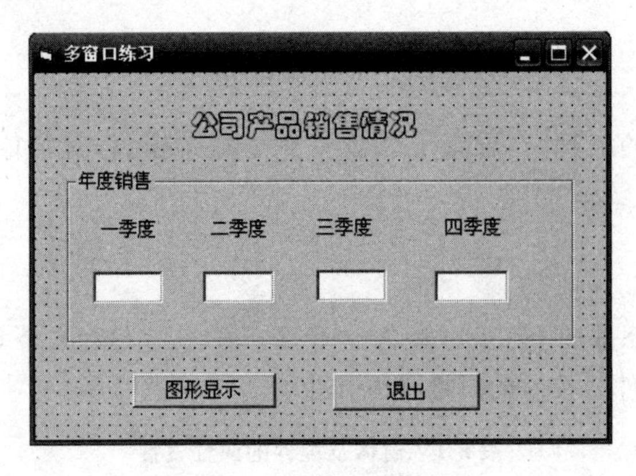

图 8-1 添加控件后的窗体

3. 编写 Form1 中的代码

```
Private Sub Command1_Click()
  Form1.Hide                        '隐藏窗体 1
  Form2.Show                        '显示窗体 2
End Sub

Private Sub Command2_Click()
  End                               '结束运行
End Sub

Private Sub Text1_Change()
  a1 = Val(Text1.Text)              '转换变量
End Sub

Private Sub Text2_Change()
  a2 = Val(Text2.Text)              '转换变量
End Sub

Private Sub Text3_Change()
  a3 = Val(Text3.Text)              '转换变量
End Sub

Private Sub Text4_Change()
  a4 = Val(Text4.Text)              '转换变量
End Sub
```

4. 添加窗体

选择菜单"工程"|"添加窗体"命令，就会弹出如图 8-2 所示的对话框。

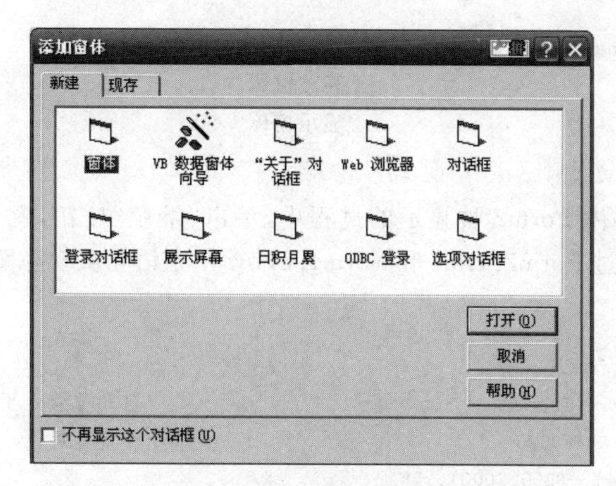

图 8-2 "添加窗体"对话框

在"添加窗体"对话框中选择"窗体"选项，单击"打开"按钮，系统就会自动向原有的工程中添加一个窗体。

5. 添加控件

在新增的窗体上放置一个 CommandButton 控件，作用是在隐藏新增窗体的同时显示原有窗体。添加控件后的新增窗体如图 8-3 所示。

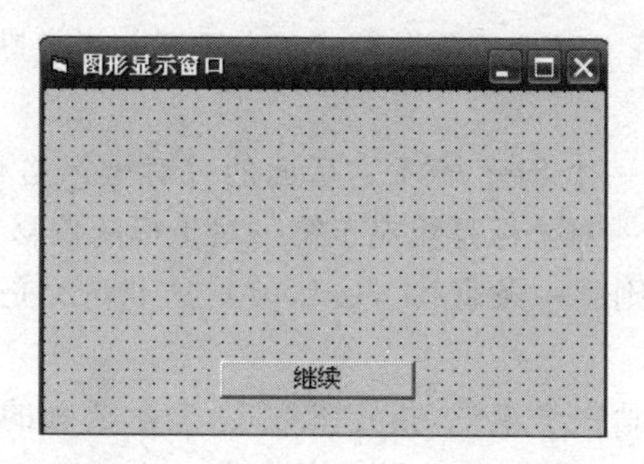

图 8-3 添加控件后的新增窗体

窗体及控件的属性设置如表 8-2 所示。

表 8-2 窗体的属性设置

Form	(Name)	Form2
	BorderStyle	3-Fixed Dialog
	Moveable	False(窗口不能移动)
	StartUpPosition	2-CenterScreen(屏幕中心)
CommandButton	(Name)	Command1
	Caption	继续

6. 编写 Form2 中的代码

在"继续"按钮的 Command1_Click()事件中添加下列代码：

```
Private Sub Command1_Click()
    Form2.Hide                          '隐藏窗体 2
    Form1.Show                          '显示窗体 1
End Sub
```

程序说明：在窗体 Form2 被显示的过程中，单击"继续"按钮，就会激活 Command1_Click()事件，然后通过 Form2. Hide 和 Form1. Show 两条语句实现隐藏窗体和显示窗体的功能。

```
Private Sub Form2_Load()
Form2. AutoRedraw = True                              '自动重绘处于有效的状态
Form2.ForeColor = &HFF0000                            '设置前景色
Line(300,1000 - a1) - (800,2000),,BF
Line(1200,1000 - a2) - (1700,2000),,BF
Line(2100,1000 - a3) - (2600,2000), QBColor(12),BF    '设置为红色
Line(3000,1000 - a4) - (3500,2000),,BF                '绘制季度销售方框
End Sub
```

Line 语句说明：

格式：

```
[对象.]Line[Step](x1,y1) - [Step](x2,y2)[,颜色][,B[F]]
```

功能：在窗体或图片框上画出一条直线或一个矩形。对象默认为窗体。

说明：

(1) Step 为可选项，第一个 Step 表示它后面的一对坐标是相对于当前坐标的偏移量，第二个 Step 表示它后面的一对坐标是相对于第一对坐标的偏移量。

(2) 如果没有参数 B，则画一条直线。(x1,y1)与(x2,y2)是所画直线的左上角和右下角的坐标。

(3) 如果有参数 B，则画一个矩形，指定参数 F，表示要画的是一个实心的矩形。(x1,y1)与(x2,y2)是所画矩形的左上角和右下角的坐标。

7. 添加模块

选择菜单"工程"|"添加模块"命令，就会弹出如图 8-4 所示的对话框。

在模块的声明段中添加下列代码：

```
Global a1 As Single
Global a2 As Single
Global a3 As Single
Global a4 As Single                     '定义 4 个全局变量
```

定义的 4 个全局变量分别用来存储一季度、二季度、三季度和四季度的销售情况。添加

模块和新窗口的工程资源窗口如图 8-5 所示。

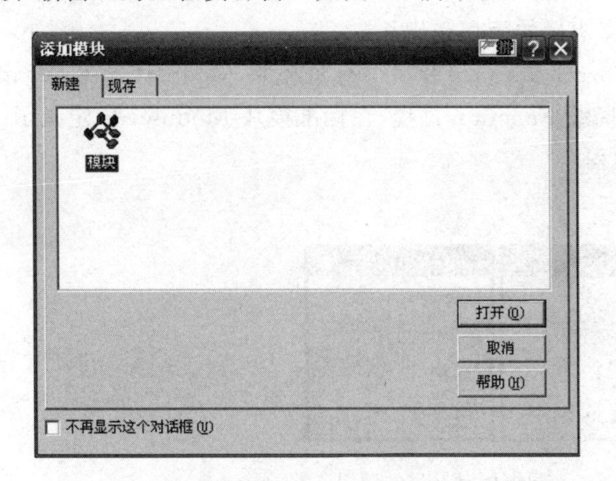

图 8-4 “添加模块”对话框

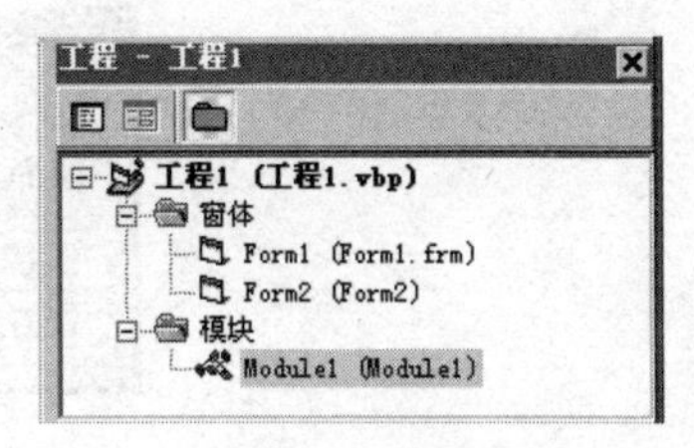

图 8-5 工程资源窗口

8. 运行程序

运行程序,初始画面如图 8-6 所示。

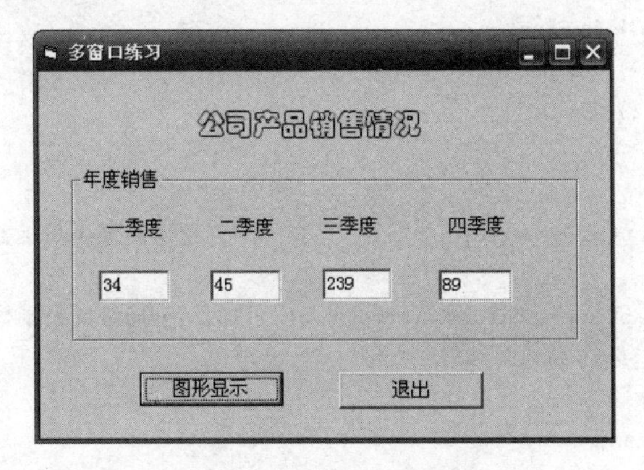

图 8-6 程序运行初始画面

单击“图形显示”按钮,结果如图 8-7 所示。

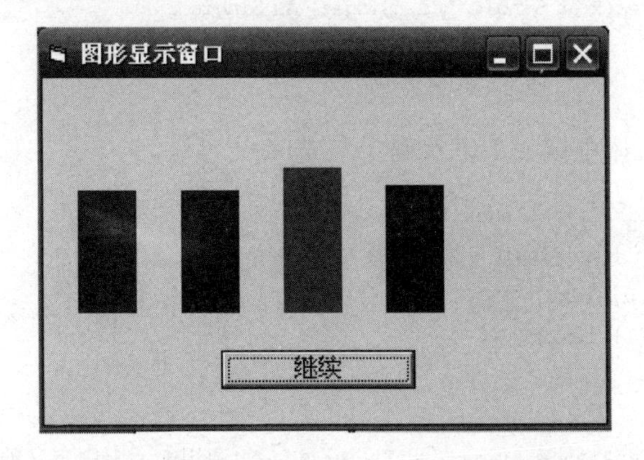

图 8-7 程序的运行结果——显示窗体 Form2

【题目 2】 多窗口全局级过程的调用。

要求：运用不同的模块完成计算矩形的面积和周长。

在应用程序中包括两个窗体(Form1、Form2)和一个标准模块 Module1。在 Form1 窗体中定义了一个计算矩形面积的全局级 Function 过程，在标准模块 Module1 中定义了一个计算矩形周长的全局级 Function 过程。

程序的运行结果如图 8-8 所示。

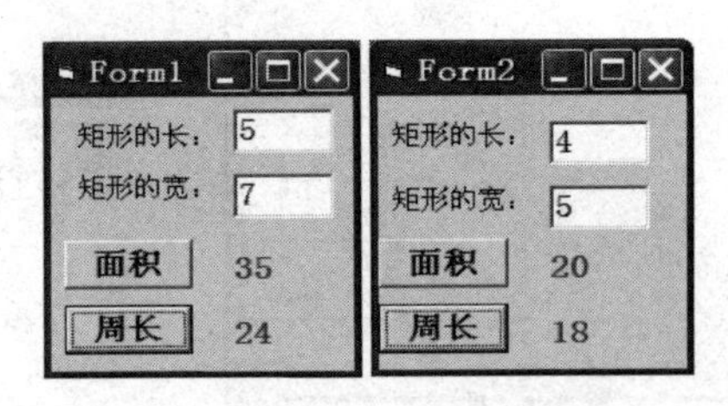

图 8-8 不同窗体对过程的调用

【分析】

在 Form1.frm 窗体中定义如下代码：

```
Private Sub Command1_Click(Index As Integer)
   Dim a As Single, b As Single
   a = Val(Text1(0).Text)
   b = Val(Text1(1).Text)
   n = Index
   If n = 0 Then
      Label2(0).Caption = area(a, b)                '调用全局级面积函数
   Else
      Label2(1).Caption = circumference(a, b)     '调用全局级周长函数
   End If
End Sub
Private Sub Form_Load()
   Form2.Show
End Sub
'定义全局级计算面积函数
Public Function area(x As Single, y As Single) As Single
  area = x * y
End Function
```

在 Form2.frm 窗体中定义如下代码：

```
Private Sub Command1_Click(Index As Integer)
   Dim a As Single, b As Single
   a = Val(Text1(0).Text)
   b = Val(Text1(1).Text)
   n = Index
   If n = 0 Then
      Label2(0).Caption = Form1.area(a, b)       '调用 Form1 中定义的全局级面积函数
```

```
    Else
        Label2(1).Caption = circumference(a, b)    '调用全局级周长函数
    End If
End Sub
```

在 module1. bas 窗体中定义如下代码：

```
'定义全局级计算周长的函数
Public Function circumference(x As Single, y As Single) As Single
    circumference = 2 * (x + y)
End Function
```

【题目 3】 MDI 应用程序设计实验。

【分析】 参考如下步骤进行 MDI 程序设计。

【步骤】

1. 设置初始窗体属性

首先启动一个新的工程。在屏幕上会出现一个空白窗体,作子窗体用。窗体的属性设置如表 8-3 所示。

表 8-3　窗体的属性设置

Form	(Name)	Form1
	AutoRedraw	True
	BorderStyle	2-Sizeable
	MDIChild	True
	Moveable	True(窗口可移动)
	StartUpPosition	2-CenterScreen(屏幕中心)
CommandButton	(Name)	Command1
	Caption	继续

这样设置的窗体有以下特性：

(1) 窗体的自动重绘处于有效状态；

(2) 在程序的运行过程中窗体可以改变大小；

(3) 窗体可以作为 MDI 窗体的子窗体；

(4) 在程序的运行过程中窗体可以移动。

2. 添加 MDI 窗体,设置属性

选择菜单"工程"|"添加 MDI 窗体"命令,在弹出的对话框中单击"打开"按钮,添加一个 MDI 窗体,窗体的属性设置如表 8-4 所示。

表 8-4　MDI 窗体的属性设置

Form	(Name)	MDIForm1
	Moveable	False(窗口不能移动)
	StartUpPosition	2-CenterScreen(屏幕中心)

这样设置的 MDI 窗体有如下特性：

(1) MDI 窗体不能够自动显示子窗体；

(2) 窗体在程序运行过程中不能移动；

(3) 窗体始终位于屏幕中央。

3. 添加对话框子窗体,设置属性

选择菜单“工程”|“添加窗体”命令,就会弹出如图 8-9 所示的“添加窗体”对话框。在对话框中选择“‘关于’对话框”选项,单击“打开”按钮,就在 MDI 窗体上添加一个窗体,窗体 FrmAbout 的属性设置如表 8-5 所示。

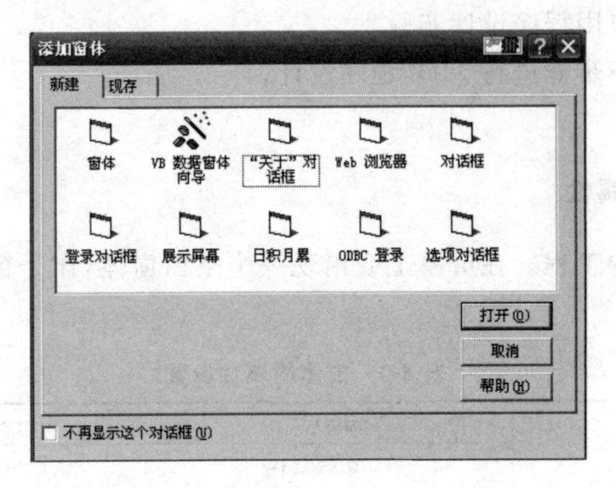

图 8-9 “添加窗体”对话框

表 8-5 对话框子窗体的属性设置

对象	属性	值
Form	(Name)	FrmAbout
	BorderStyle	3-Fixed Dialog
	MDIChild	True
	Moveable	True(窗口可移动)
CommandButton	(Name)	Command1
	Caption	继续

这样设置的窗体有如下的特性：

(1) 窗体在程序运行过程中不能改变大小；

(2) 程序运行时可以移动窗体；

(3) 窗体为 MDI 窗体的一个子窗体。

完成以上工作的工程资源窗口如图 8-10 所示。

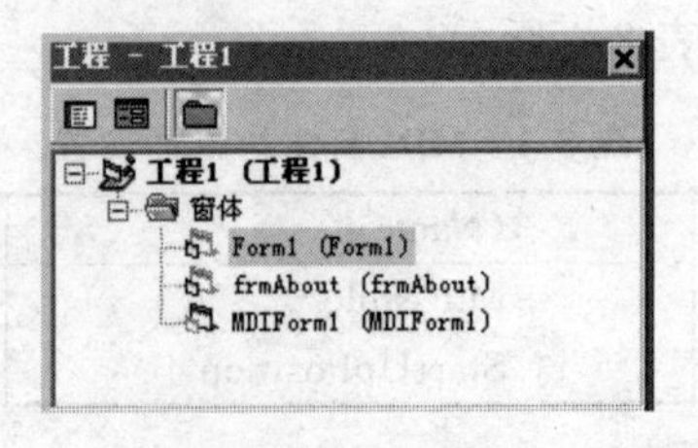

图 8-10 资源窗口

4. 为子窗体 Form1 添加代码

在程序的设计阶段双击子窗体 Form1，在它的 Form_Load()过程中添加如下代码：

```
Private Sub Form_Load()
 Dim x As Integer
 For x = 0 To 3000 Step 75
 Line (0,1000) - (x,0)
    Line (0,1000) - (x,2000)
    Line (3000,1000) - (3000 - x,2000)
    Line (3000,1000) - (3000 - x,0)
  Next x
End Sub
```

程序说明：程序首先定义了一个整型变量 x，然后进入了一个循环，在循环中通过 4 个画直线的语句来实现程序中绘制图形的功能。

5. 为 MDI 窗体添加菜单

选择菜单"工具"|"菜单编辑器"命令，在菜单编辑器中，建立两个菜单项，即"文件"和"退出"，在"文件"项下还有两个子菜单，即"绘图"和"关于"，它们的属性设置如表 8-6 所示。

表 8-6　菜单编辑器中添加的菜单项

菜　单　项	标　题	名　称	索　引	快 捷 键
文件	文件(&F)	File		
……绘图	绘图(&D)	Draw		
……	—	—	mnu1	
……关于	关于(&A)	About		
退出	退出(&E)	Exit		

添加菜单后的 MDI 窗体如图 8-11 所示。

图 8-11　MDI 窗体

6. 添加菜单单击事件响应代码

响应 3 个菜单项的鼠标单击事件的代码如下：

(1) 单击“关于”菜单项。

```
Private Sub About_Click()
    Form1.Hide                                   '隐藏窗体 Form1
    frmAbout.Show                                '显示窗体 frmAbout
End Sub
```

(2) 单击“绘图”菜单项

```
Private Sub Draw_Click()
    frmAbout.Hide                                '隐藏窗体 frmAbout
    Form1.Show                                   '显示窗体 Form1
End Sub
```

(3) 单击“退出”菜单项

```
Private Sub Exit_Click()
   End                                           '结束运行
End Sub
```

7. 运行程序

保存文件。接着运行应用,单击菜单“文件”|“绘图”命令,就会弹出如图 8-12 所示的绘图子窗口。

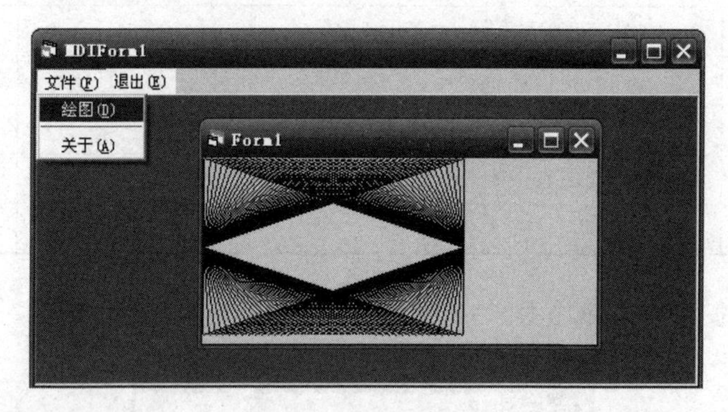

图 8-12 绘图子窗口

8. 添加工具栏

(1) 向“工具箱”中添加工具栏控件,打开“部件”对话框,选中 Microsoft Windows Common Controls 6.0 复选框。将 MSCOMCTL.OCX 添加到当前工程中,如图 8-13 所示。

(2) 将 Toolbar 控件和 ImageList 控件(如图 8-14 所示)添加到 MDI 父窗体上。

(3) 打开 ImageList 的属性主页,选中“图像”页面,利用“插入图片”按钮向 ImageList 中添加图片。

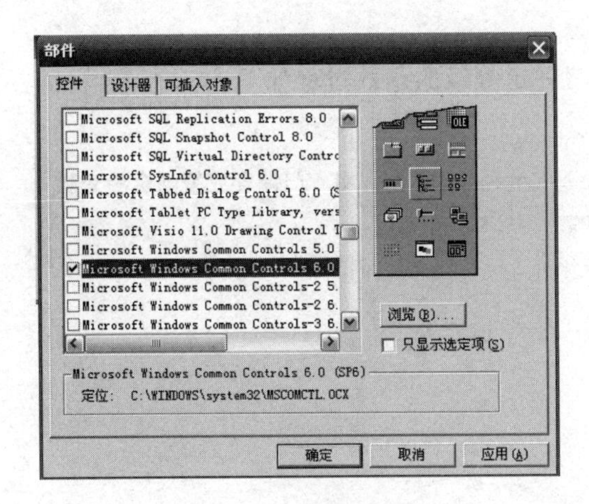

图 8-13 部件添加

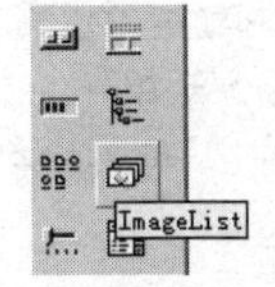

图 8-14 工具栏控件

(4) 右击 Toolbar 控件,单击“属性”命令显示出“属性页”对话框。选中“通用”页面,在“图像”列表中选中 ImageList1。

(5) 选中“按钮”页面,单击“插入”按钮以加入新的 Button 对象。

(6) 关闭 Toolbar 属性页对话框,设计好的用户界面如图 8-15 所示。

图 8-15 用户界面

(7) 双击工具栏打开代码编辑窗口,编写如下代码:

```
Private Sub Toolbar1_ButtonClick(ByVal Button As MSComctlLib.Button)
  Form1.Show
End Sub
```

【题目 4】 编写一个学生成绩处理程序,运行如图 8-16 所示。

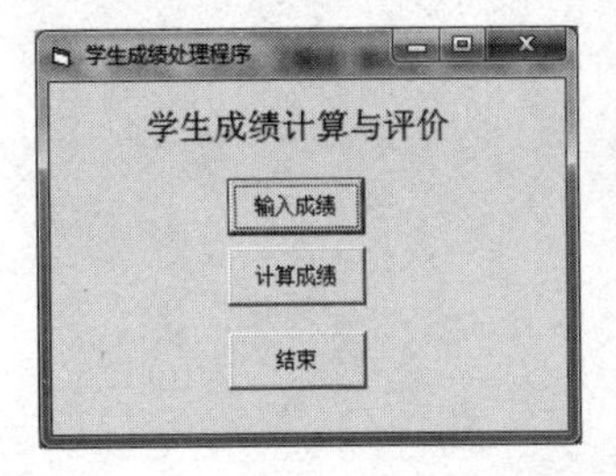

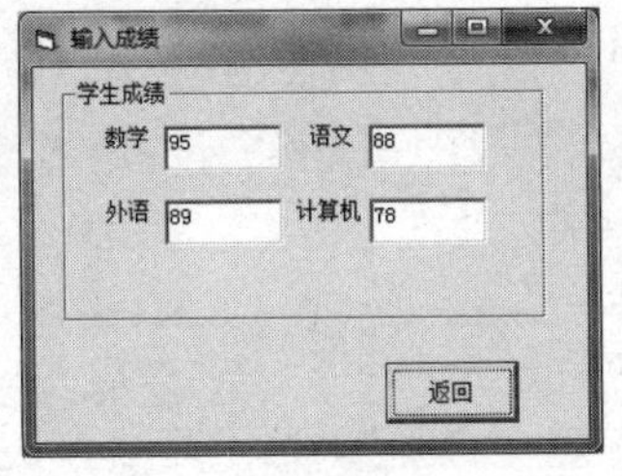

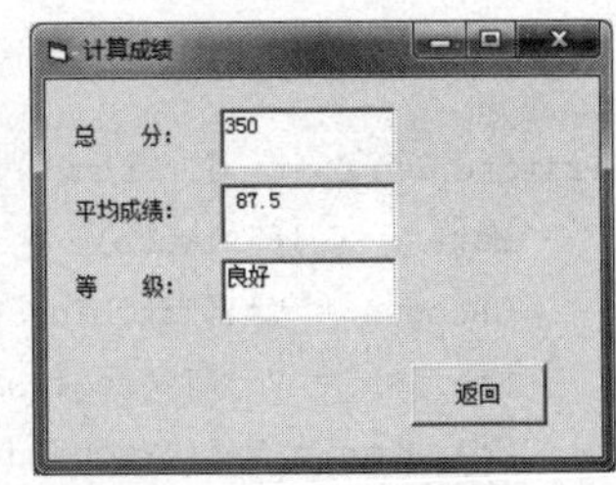

图 8-16 学生成绩处理程序

【分析】 参考程序代码如下：

在标准模块中定义全局变量，编写评定等级的函数过程如下。

```
Public Math As Integer, Chinese As Integer
Public English As Integer, Computer As Integer      '声明 4 门课程成绩的全局变量
Public Function FumDj(X% ) As String
    Select Case X
    Case Is >= 90
        FumDj = "优秀"
    Case Is >= 80
        FumDj = "良好"
    Case Is >= 70
        FumDj = "中等"
    Case Is >= 60
        FumDj = "及格"
    Case Else
        FumDj = "不及格"
    End Select
End Function
```

（1）在主窗体代码编辑窗口编写如下程序。

```
Private Sub Command1_Click() '输入程序
    Me.Hide
    Form2.Show
End Sub

Private Sub Command2_Click()
    Me.Hide
    Form3.Show
End Sub

Private Sub Command3_Click()
    End
End Sub

Private Sub Form_Load()
End Sub
```

（2）在成绩录入代码编辑窗口编写如下程序。

```
Private Sub Command1_Click()
    Math = Val(Txtmath)
    Chinese = Val(Txtchinese)
    English = Val(Txtenglish)
    Computer = Val(Txtcomputer)
    Me.Hide
```

```
    FrmMain.Show
End Sub
```

（3）在成绩输出代码编辑窗口编写如下程序。

```
Private Sub Form_Load()
    TxtSum.Text = Math + Chinese + English + Computer
    Txtave.Text = Str(Val(TxtSum.Text) / 4)
    Txtdj.Text = FumDj(Val(Txtave.Text))
End Sub
Private Sub Command1_Click()
    Unload Me
    FrmMain.Show
End Sub
```

菜单及文件程序设计

一、实验目的与要求

(1) 掌握菜单编辑器的使用。
(2) 掌握菜单应用程序的设计方法。
(3) 掌握弹出式菜单的设计。
(4) 通过本实验掌握文件的基本操作方法、文件控件的使用、文件的读写操作。

二、实验内容

预备知识

VB 6.0 为菜单设计提供了一种方便的菜单编辑器工具，即菜单编辑器，使用它可以较方便地制作所需要的菜单，下面介绍它的用法。

使用菜单编辑器可以为应用程序创建自定义菜单并定义其属性。

先选中一个窗体，然后启动菜单编辑器，启动的方法有 3 种：

(1) 使用菜单“工具”|“菜单编辑器”命令；
(2) 使用工具栏按钮；
(3) 使用键盘快捷键 Ctrl＋E。

启动后，弹出菜单设计窗口，如图 9-1 所示。

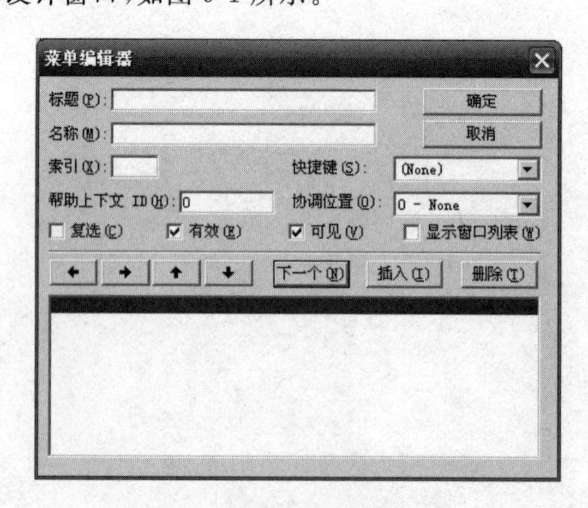

图 9-1　菜单设计窗口

如图 9-1 所示的菜单设计窗口中包括如下所示的各个设计项。

- "标题"项：在提供的文本输入框中可以输入菜单名或命令名，这些名字将出现在菜单栏或菜单之中。输入的内容同时也显示在设计窗口下方的显示窗口中。

如果在菜单中建立分隔条，则应在"标题"文本框中键入一个连字符(-)。为了能够通过键盘访问菜单项，可在一个字母前输入 & 符号。在运行时，该字母带有下画线，按 Alt 键和该字母就可访问菜单或命令。如果要在菜单中显示 & 符号，则应在标题中连续输入两个 & 符号。

- "名称"项：在文本输入框中可以为菜单项输入控件名。控件名是标识符，仅用于访问代码中的菜单项，它不会出现在菜单中。需要注意的是，任何菜单项都要有自己的"名称"选项。
- "索引"项：当几个菜单项使用相同的名称时，把它们组成控件数组；可指定一个数字值来确定每一个菜单项(即控件)在控件数组中的位置。该位置与控件的屏幕位置无关。索引值表示菜单数组的下标。
- "快捷键"项：允许为每个菜单项选择快捷键。
- "帮助上下文 ID"项：在制作帮助菜单时，允许为 context ID 指定唯一的数值。在 HelpFile 属性指定的帮助文件中用该数组查找适当的帮助主题。
- "协调位置"项：允许选择菜单的 NegotiatePosition 属性。该属性决定是否及如何在容器窗体中显示菜单。
- "复选"项：允许在菜单项的左边设置复选标记。通常用它来指出切换选项的开关状态。
- "有效"项：决定菜单的有效状态，此选项可决定是否让菜单对事件做出响应，而如果希望该项失效并隐式显示出来，则也可清除事件。
- "可见"项：决定菜单的可见状态，即是否将菜单项显示在菜单上。
- "显示窗口列表"项：决定在使用多文档应用程序时，是否显示一个包含多文档文件子窗口的列表框。
- 下一个(N) 按钮：将选定的位置移动到下一行。将光标移动到下一个菜单项。
- 插入(I) 按钮：在列表框的当前选定行上方插入一行。在当前位置插入一个菜单项。
- 删除(T) 按钮：删除当前选定行。删除菜单项。
- → "右箭头"按钮：每次单击都把选定的菜单向右移一个等级。一共可以创建 4 个子菜单等级。
- ← "左箭头"按钮：每次单击都把选定的菜单向上移一个等级。一共可以创建 4 个子菜单等级。
- ↑ "上箭头"按钮：每次单击都把选定的菜单项在同级菜单内向上移动一个位置。
- ↓ "下箭头"按钮：每次单击都把选定的菜单项在同级菜单内向下移动一个位置。
- "确定"按钮：关闭菜单编辑器，并对选定的最后一个窗体进行修改。菜单可以在设计时使用，但在设计时可以通过选定一个菜单，来打开菜单单击事件的代码窗口，而不是执行事件代码。
- "取消"按钮：关闭菜单编辑器，取消所有修改。

弹出式菜单(Popup Menu)也是通过“菜单编辑器”来设计的。用户可以用平常设计菜单栏的方法来设计弹出式菜单,只要在设计完之后将该菜单设为“隐藏”状态即可(取消选中“显示”复选框)。用户可右击使弹出式菜单显示出来。

由于处于“隐藏”状态,因此在运行之后,用户是看不到这个菜单的。所以必须靠程序来运行 Popup Menu 才能将它显示出来。

弹出式菜单的语法结构如下:

```
Object.Popup Menu menuname,flags,x,y,boldcommand
```

因此最简单的语句可以是:

```
Popup Menu  菜单名称
```

在 VB 6.0 中,文件的操作主要由 DriveListBox 控件、DirListBox 控件和 FileListBox 控件 3 个控件实现。

1) DriveListBox 控件

DriveListBox 控件的功能是在程序的运行过程中,为应用程序提供一个选择有效的磁盘驱动器功能,该控件可以用来显示用户系统中所有有效磁盘驱动器的列表。

DriveListBox 控件最重要的一个属性就是 Drive 属性,可以在程序的运行阶段通过设置 Drive 属性的值来改变 DriveListBox 控件的默认驱动器。

2) DirListBox 控件

DirListBox 控件的功能是在程序的运行过程中,显示分层的目录列表。例如,可以创建对话框,在所有可用目录中,从文件列表打开一个文件。

DirListBox 控件有几个比较重要的属性,如 Path 属性、List 属性和 ListCount 属性。

3) FileListBox 控件

FileListBox 控件的功能是在程序的运行过程中,在 Path 属性指定的目录,将文件定位并列举出来。

但是,显示的文件的类型由 FileListBox 控件的 Pattern 属性来决定,其默认值为“*.*”,意即显示所有的文件,如果要显示特定的文件类型,可以通过设置 Pattern 属性来实现,例如只显示以.exe 结尾的文件,可以将 Pattern 属性设置为“*.txt”和“*.exe”。

注意:Pattern 属性设置为多种类型文件时,两种类型中间必须有分号,而且在运行时 Pattern 属性处于只读状态。

【题目 1】 菜单程序设计运行如图 9-2 所示。

图 9-2 运行效果图

【分析】 按如下步骤设计。

【步骤】

1. 新建工程

在“文件”菜单中单击“新建工程”菜单项。从“新建工程”对话框中选择“标准 EXE”，创建一个新的工程。

2. 设计用户界面

单击工具箱中的 Text(文本)控件及标签控件。

3. 打开菜单编辑器

先选中一个窗体，然后启动菜单编辑器，启动的方法有 3 种：

(1) 使用菜单“工具”|“菜单编辑器”命令；

(2) 使用工具栏按钮；

(3) 使用键盘快捷键 Ctrl＋E。

4. 添加菜单

现在使用菜单编辑器来创建“时钟”菜单，界面如图 6-1 所示。

(1) 在“标题”文本框中输入“时钟”，然后按 Tab 键。输入的单词“时钟”作为第一个菜单的标题，然后把光标移动到“名称”文本框中。随着菜单标题的输入，这个标题也显示在对话框底部的菜单列表框中。

(2) 在“名称”文本框中输入 mnuClock。输入的单词 mnuClock 在程序中用作菜单的名称。

(3) 单击“下一个”按钮，把“时钟”菜单标题添加到程序中。“时钟”菜单被添加到菜单栏上，菜单编辑器清除对话框中已有的输入，为下一个菜单项的输入做好准备。菜单标题依然显示在对话框底部的菜单列表中。

(4) 在“标题”文本框中输入“日期”，按 Tab 键，然后在“名称”文本框中输入 mnuClockDate。“日期”菜单项显示在菜单列表框中。

(5) 当菜单列表框中的“日期”项加亮显示时，单击菜单编辑器上的右箭头。在菜单列表框中，“日期”菜单项向右移动一级缩进位置(4 个空格)，表示该项是菜单项。列表框中项目的位置决定了该项是菜单标题(最左边)、菜单项(一级缩进)、子菜单项(二级缩进)，还是子菜单项(三级缩进)。在菜单编辑器对话框中，单击右箭头向右移动项目，单击左箭头向左移动项目。现在在“时钟”菜单中添加“时间”菜单项。

(6) 单击“下一个”按钮，输入“时间”，按 Tab 键，然后输入 mnuClockTime。“时间”菜单项显示在菜单列表框中。请注意，菜单编辑器假定下一个项目是菜单项，并把“时间”缩进一级。现在已经完成了向“时钟”菜单中增加菜单项的工作。按照表 9-1 的内容添加菜单。

表 9-1 菜单编辑器中添加的菜单项

菜 单 项	标 题	名 称	索 引	快捷键
文件	文件(&F)	mnuFile		
……退出	退出(&X)	mnuFeit		
时钟	时钟(&C)	mnuClock		
……日期	日期(&D)	mnuClockDate	Ctrl+D	
……—	—	mnu1		
……时间	时间(&T)	mnuClockTime	Ctrl+T	
颜色	颜色(&O)	mnuColor		
……黑色	黑色	mnuColorBlack		
……—	—	mnu2		
……红色	红色	mnuColorRed		
字型	字型(&W)	mnuFont		
……粗体	粗体(&H)	mnuFontBold		
……—	—	mnu3		
……斜体	斜体(&I)	mnuFontItlatic		
字号	字号(&S)	mnuSize		
……12	12	mnuSize12		
……—	—	mnu4		
……15	15	mnuSize15		

菜单及控件如图 9-3 所示

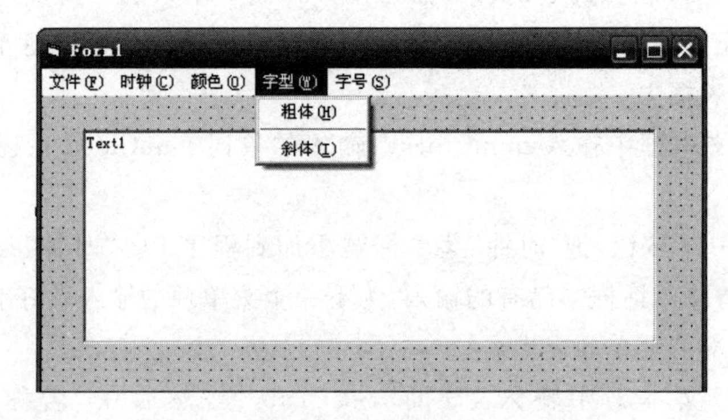

图 9-3 界面设计

5. 处理菜单选择

把菜单项放置到菜单栏之后,它们就变成了程序中的对象。要使菜单对象能够完成有意义的工作,还需要为这些菜单项编写事件过程。菜单事件过程通常含有显示和处理用户界面窗体信息以及修改一个或多个菜单属性的语句。如果在处理所选菜单项时需要从用户那里得到更多信息,那么在事件处理过程中经常使用通用对话框对象或某个输入对象来显示一个对话框。

(1) 在工程窗口中单击"查看代码"按钮打开代码窗口。

(2) 单击 Object(对象)下拉列表框,然后单击 mnuClockTime。

其中,mnuClockTime_Click 事件过程显示在代码窗口中。在菜单编辑器中,我们把名称 mnuClockTime 赋给了"时间"菜单项。当用户单击程序中的"时间"菜单项时，mnuClockTime_Click 事件过程被执行。

(3) 输入 Text1. Text = Time 这条程序语句，在 Text 的文本中显示当前时间(从系统时钟那里得到)，并取代原有的文本。程序中随时都可以调用 Time 函数来显示时间。用同样方法进行其他菜单项的事件处理过程，全部代码如下：

```
Private Sub mnuClockDate_Clock()
    Text1.Text = Date
End Sub

Private Sub mnuClockTime_Click()
    Text1.Text = Time
End Sub

Private Sub mnuColorBlack_Click()
    Text1.ForeColor = vbBlack
End Sub

Private Sub mnuColorRed_Click()
    Text1.ForeColor = vbRed
End Sub

Private Sub mnuExit_Click()
    Unload Me
End Sub

Private Sub mnuFontBold_Click()
    Text1.FontBold = True
End Sub

Private Sub mnuItlatic_Click()
    Text1.FontItalic = True
End Sub

Private Sub mnuSize12_Click()
    Text1.Font.Size = 12
End Sub

Private Sub mnuSize15_Click()
    Text2.Font.Size = 15
End Sub
```

6. 保存程序

单击工具栏上的"保存工程"按钮。输入窗体名 DemoMenu，窗体以名称 DemoMenu .frm 保存到磁盘，接着输入工程名称 DemoMenu，工程以名称 DemoMenu. vbp 保存到磁盘。

7. 运行程序

(1) 单击工具栏上的"启动"按钮。DemonMenu 程序在编程环境中启动运行。

(2) 在菜单栏单击“时钟”菜单。“时钟”菜单的内容显示在屏幕上。

(3) 单击“时间”菜单项。当前系统时间显示在标签框中,如图 9-4 所示。

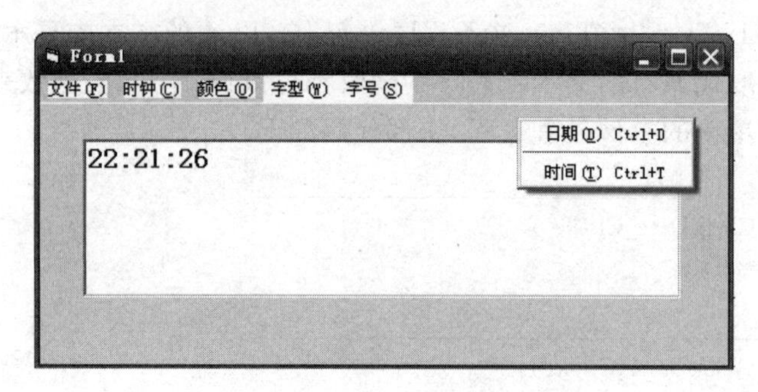

图 9-4 运行效果图

8. 添加弹出式菜单

弹出式菜单是独立于菜单栏而显示在窗体上的浮动菜单。在弹出式菜单上显示的项目取决于右击时指针所处的位置;因此,弹出式菜单也被称为上下文菜单。在 Microsoft Windows 中,可以通过右击来激活上下文菜单。

使用菜单编辑器通过设计菜单栏的办法设计弹出式菜单,设计完成后将该菜单设为“不可见”,由于菜单处于“不可见”状态,因此在运行时是看不到的,如图 9-5 所示。

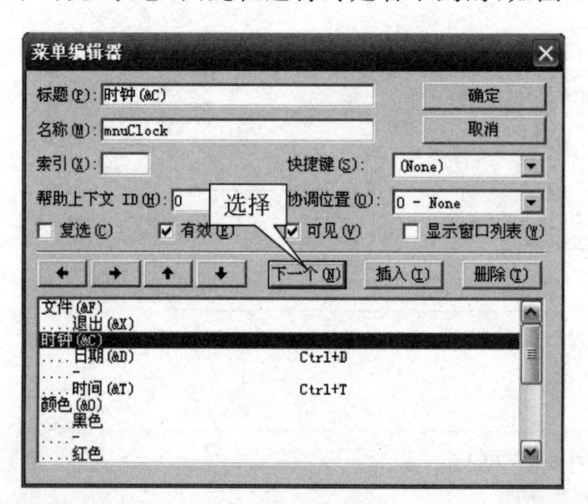

图 9-5 菜单设置

使用如下方法显示弹出式菜单:

```
Private Sub Form_MouseUp(Button As Integer,Shift As Integer,X As Single,Y As Single)
    If Button = 2 Then                          '检查是否单击了鼠标右键
        PopupMenu mnuClock                      '显示弹出式菜单
    End If
End Sub
```

运行程序,在窗体上右击可以看到“时钟”菜单成为弹出式菜单。

【题目 2】 利用文件控件实验，单击任何一个文件，在文本框中就会显示出该文件的完整路径和文件名。

【分析】 按如下步骤设计。

【步骤】

1．界面设计

首先启动一个新的工程，在空白的窗体上添加一个 FileListBox 控件，控件的属性设置如表 9-2 所示。

表 9-2　FileListBox 控件的属性设置

FileListBox	(Name)	File1
	Pattern	*.txt，*.exe
TextBox	(Name)	Text1
	Text	文件路径

在窗体上添加一个 TextBox 控件，它的 Name 属性设置为 Text1，Text 属性设置为"文件路径："，它的作用是显示选中文件的路径和文件名。

添加控件后的窗体如图 9-6 所示。

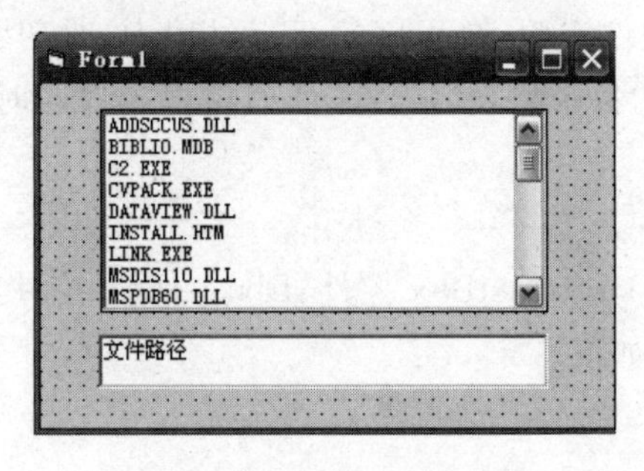

图 9-6　添加控件后的窗体

2．添加代码

在设计阶段双击窗体，在窗体的 Form_Load()事件中添加下列代码：

```
Private Sub Form_Load()
    File1.Path = "c:\windows\"                    '初始化控件的目录
End Sub
```

在这里程序通过"File1.Path = "c:\ windows \""这条语句就可以把 FileListBox 控件的目录设置为"c:\ windows \"。

在设计阶段双击 FileListBox 控件，在它的 File1_Click()事件中添加下列代码：

```
Private Sub File1_Click()
    Text1.Text = "文件路径：" & _
    File1.Path & "\" & File1.FileName             '在文本框中显示文本的路径和文件名
End Sub
```

在语句“Text1. Text ＝ "文件路径：" & File1. Path & "\" & File1. FileName”中，File1. Path 存储着文件的路径，而 File1. FileName 存储文件名，所以在文本框中就会显示出选中文件的路径和文件名。

3. 存储文件，运行程序

在程序的运行过程中，单击任何一个文件，在文本框中就会显示出该文件的完整路径和文件名，如图 9-7 所示。

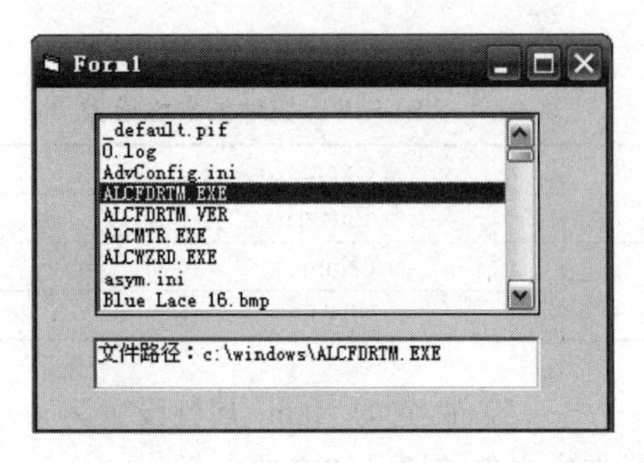

图 9-7　程序运行结果

【题目 3】 利用文件控件实验，在程序的运行过程中，改变驱动器时，目录列表框控件就会显示相应驱动器下面的目录列表，并且文件列表框控件同时显示相应目录下面的文件列表。

【分析】

在本实验中，综合利用 DriveListBox 控件、DirListBox 控件和 FileListBox 控件的协调工作来处理文件，具体步骤如下。

【步骤】

1. 设置初始窗体属性

启动一个新的工程，在屏幕上就会出现一个空白窗体，窗体的属性设置如表 9-3 所示。

表 9-3　窗体的属性设置

Form	(Name)	Form1
	BorderStyle	3-Fixed Dialog
	StarUpPosition	2-CenterScreen
	WindowState	0-Normal

这样设置的窗体在程序的运行过程中，始终会位于屏幕的中央，并且不能够移动，同时也不能被改变大小。

2. 添加控件，设置其属性

向窗体上添加一个 DriveListBox 控件、一个 DirListBox 控件和一个 FileListBox 控件，将实现不同的功能，但同时它们又相互协调。控件的属性设置如表 9-4 所示。

表 9-4 控件的属性设置

DriveListBox	(Name)	Drive1
	Enabled	True
DirListBox	(Name)	Dir1
	Enabled	True
FileListBox	(Name)	File1
	Pattern	*.*

添加控件后的窗体如图 9-8 所示。

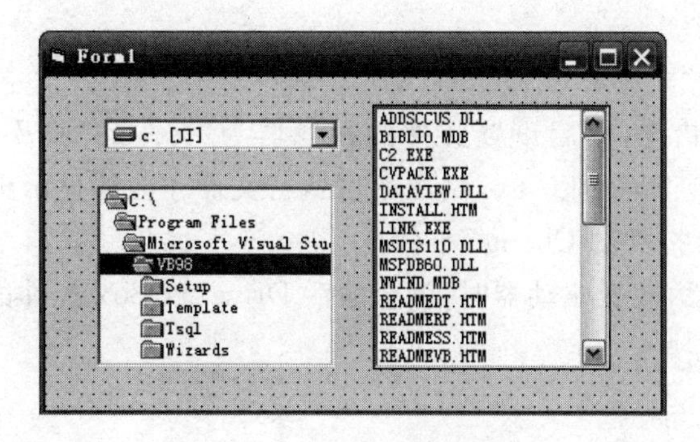

图 9-8 添加控件后的窗体

3. 编写程序的初始化代码

程序完整代码如下：

```
Private Sub Form_Load()
    '设置控件的有效状态
    Drive1.Enabled = True
    Dir1.Enabled = True
    File1.Enabled = True
    '设置过滤器
    File1.Pattern = "*.exe"
    '设置控件的初始驱动器
    Drive1.Drive = "c:\"
End Sub

Private Sub Dir1_Change()
    '改变目录
    File1.Path = Dir1.Path
End Sub

Private Sub Drive1_Change()
    '改变驱动器
    Dir1.Path = Drive1.Drive
End Sub
```

```
Private Sub File1_Click()
    '输出文件路径和文件名
    MsgBox File1.Path & "\" & File1.FileName
End Sub
```

程序代码说明：

(1) 在窗体的 Form_Load()事件中的代码。

```
Drive1.Enabled = True
Dir1.Enabled = True
File1.Enabled = True
```

用来设置控件的有效状态，然后设置文件的过滤器为“*.exe”以及控件的初始驱动器为“c:\”，这样只有在C盘下面的以.exe结尾的可执行文件才能够显示出来。

(2) DriveListBox 控件的 Change 事件。

在程序的运行阶段，改变驱动器时，就会激活 DriveListBox 控件的 Drive1_Change()事件，然后通过

```
Dir1.Path = Drive1.Drive
```

来使 DirListBox 控件显示改变驱动器后的新目录。

(3) DirListBox 控件的 Change 事件。

在程序的运行阶段，改变目录时，就会激活 DirListBox 控件的 Dir1_Change()事件，然后通过

```
File1.Path = Dir1.Path
```

来使 FileListBox 控件显示改变目录后的文件列表。

4. 存储文件，运行程序

在程序的运行过程中，改变驱动器时，目录列表框控件就会显示相应驱动器下面的目录列表，并且文件列表框控件同时显示相应目录下面的文件列表，运行结果如图 9-9 所示。

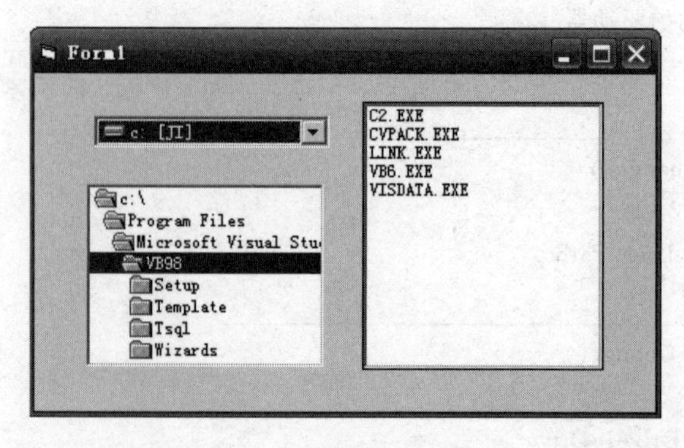

图 9-9 程序运行结果

【题目 4】 利用 CommonDialog 控件来处理文件。

【分析】

掌握利用 CommonDialog 控件来处理文件的方法，具体的操作步骤如下。

【步骤】

1. 设置初始窗体属性

首先启动一个新的工程，单击菜单“文件”|“新建工程”命令，创建一个空白的窗体，窗体的属性设置如表 9-5 所示。

表 9-5 窗体的属性设置

Form	(Name)	Form1
	BorderStyle	3-Fixed Dialog
	StartUpPosition	2-CenterScreen
	WindowState	0-Normal

这样设置的窗体在程序的运行过程中，由于 StartUpPosition 属性设置为 2-CenterScreen，所以窗体始终会位于屏幕的中央，BorderStyle 属性设置为 3-FixedDialog，所以窗体在程序的运行过程中不能被改变大小。

2. 添加 CommonDialog 控件及其他控件，设置属性

如果在窗体上放置一个 CommonDialog 控件，首先要做的工作就是把它添加到工具箱上，选择菜单“工程”|“部件”命令，弹出如图 9-10 所示的对话框。选择 Microsoft Common Dialog Control 6.0 项，在工具箱中添加一个 CommonDialog 控件。

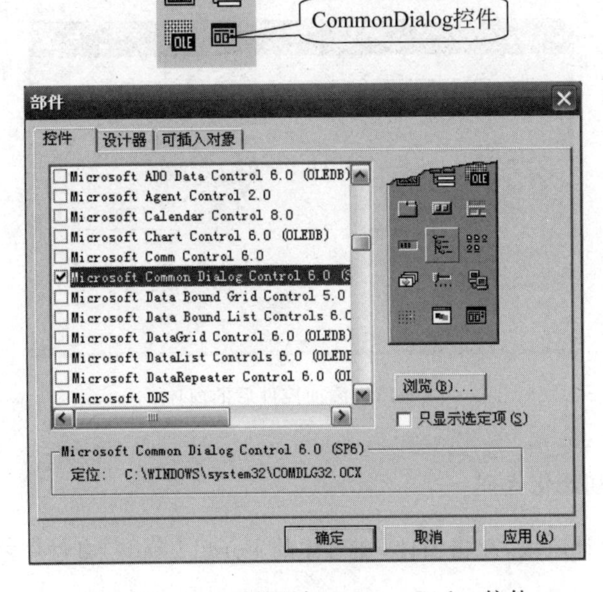

图 9-10 向工具箱添加 CommonDialog 控件

在窗体上放置一个 CommonDialog 控件，在窗体上添加一个 Image 控件和三个 CommandButton 控件，它的属性设置如表 9-6 所示。

表 9-6 控件的属性设置

CommonDialog	(Name)	CommonDialog1
	DialogTitle FileName Filter InitDir	选择一个图像文件 *.bmp *.bmp C:
Image	(Name)	Image1
	BorderStyle DataFormat Stretch	1-FixedSingle Picture True
CommandButton	(Name)	Command1
	Caption	重新设置
CommandButton	(Name)	Command2
	Caption	打开文件
CommandButton	(Name)	Command3
	Caption	结束运行

这样设置的 CommonDialog 控件具有如下特性：

(1) 控件的名称为 CommonDialog1；

(2) 对话框的标题栏中显示"选择一个图像文件"；

(3) 控件的默认目录为"C:\"；

(4) 在对话框中只能够显示以.bmp 结尾的图像文件。

添加控件后的窗体如图 9-11 所示。

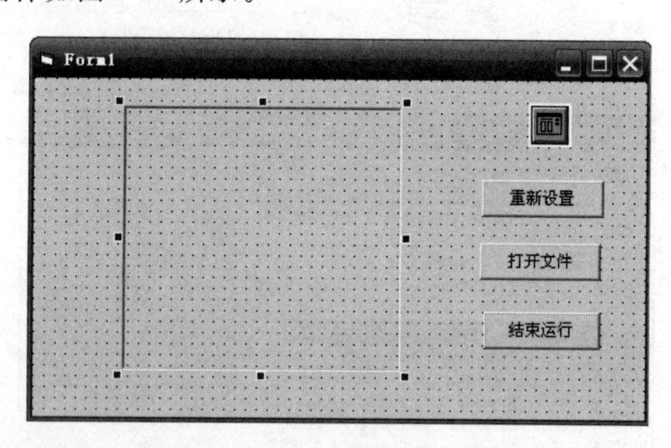

图 9-11 添加控件后的窗体

3. 编写程序的初始化代码

(1) 在程序的设计阶段，双击窗体，在窗体的 Form_Load()事件中添加下列代码：

```
Private Sub Form_Load()
    '设置控件的初始状态
```

```
    Command1.Enabled = True
    Command2.Enabled = True
    Command3.Enabled = True
End Sub
```

说明：窗体的 Form_Load()事件在程序的运行初期就被执行，所以在其中添加代码对程序进行初始化，本程序中初始化的工作是设置各个按钮的有效状态。

(2) 响应“打开文件”按钮的单击事件。

“打开文件”按钮的作用是显示一个对话框，并且可以在其中选择一个图像文件。为了实现以上功能，在 Command2_Click()事件中添加下列代码：

```
Private Sub Command2_Click()
    '显示"打开"对话框
    CommonDialog1.ShowOpen
    '在 Image 控件中显示图像
    Image1.Picture = LoadPicture(CommonDialog1.FileName)
End Sub
```

说明：在程序的运行过程中，单击“打开文件”按钮时，Command2_Click()事件就被激活，然后开始执行其中的代码，首先通过 CommandDialog1. ShowOpen 语句来显示“打开”对话框，选中一个有效的图像文件后单击“确定”按钮，就可以通过 Image1. Picture = Loadpicture(CommandDialog1. FileName)在 Image 控件中显示图像。

(3) 响应其余按钮单击事件。

① “重新设置”按钮的作用是重新设置在 Image 控件中显示的图像文件，为了实现上述功能，可以在 Command1_Click()事件中添加下列代码：

```
Private Sub Command1_Click()
    '清除在 Image 控件中显示的图像
    Image1.Picture = LoadPicture("")
End Sub
```

② “结束运行”按钮的作用是结束程序的运行，返回设计阶段，所以在 Command3_Click()事件中添加下列代码：

```
Private Sub Command3_Click()
    '结束运行
    End
End Sub
```

4. 存储文件，运行程序

初始界面如图 9-12 所示。

单击“打开文件”按钮，就会弹出如图 9-13 所示的对话框。

在该对话框中只能够显示以. bmp 为文件后缀的图像文件，当用户在对话框中选择一个有效的图像文件并单击“打开”按钮后，结果如图 9-14 所示。

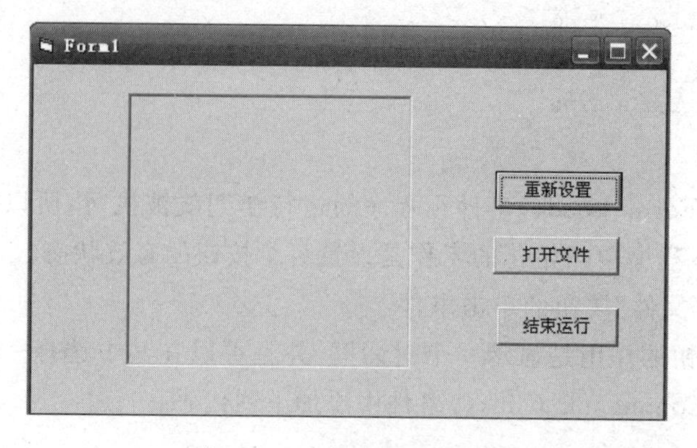

图 9-12　程序运行初始界面

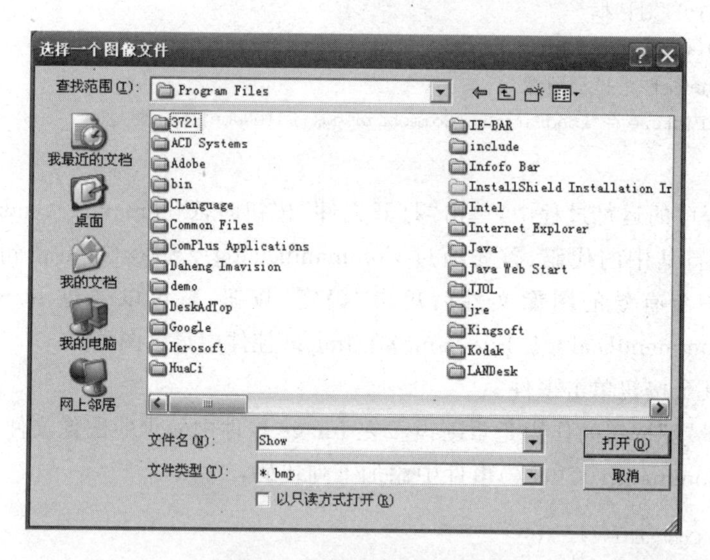

图 9-13　选择文件的对话框

图 9-14　显示图像文件

在程序的运行过程中,可以随时单击“重新设置”按钮,它的作用是清除 Image 控件中的内容。

【题目5】 文件删除实验,通过在对话框中选择一个欲删除的文件,然后系统自动完成删除动作。

【分析】

通过应用 Kill 语句,实现一个对话框的功能,在对话框中选择一个欲删除的文件,然后系统自动完成删除动作,具体步骤如下。

【步骤】

1. 设计界面

首先在工具箱中添加一个 CommandDialog 控件,然后把它添加到空白的窗体上,添加控件后的窗体如图 9-15 所示。

图 9-15 添加控件后的窗体

2. 添加代码

本程序的设计思路是:在程序的开始运行阶段就显示一个删除文件的对话框,为此在设计阶段双击窗体,在窗体的 Form_Load()事件中添加下列代码:

```
Private Sub Form_Load()
    '设置控件的标题
    CommonDialog1.DialogTitle = "打开一个欲删除的文件"
    CommonDialog1.FileName = " * .doc"
    '设置过滤器
    CommonDialog1.Filter = " * .doc"
    '显示"打开"对话框
    CommonDialog1.ShowOpen
     If CommonDialog1.FileName = " * .doc" Then
     Else
    '删除选中的文件
     Kill CommonDialog1.FileName
     End If
End Sub
```

说明:程序首先设置控件的标题并用过滤器过滤出 Word 文档,然后通过

```
CommonDialog1.ShowOpen
```

语句来显示一个对话框,最后通过

```
Kill CommonDialog1.FileName
```

来删除指定的文件。

3. 保存文件,运行程序

运行程序,打开文件的对话框,选中欲删除的文件后,单击“打开”按钮,C 盘根目录下选中的 Word 文档就会被删除。

如果要验证到底是否删除了指定的文件,可以再次运行程序,在 C 盘下面就看不到那个 Word 文档了。

注意:如果使用 Kill 来删除一个已打开的文件,则会产生错误。

【题目 6】 文件复制实验,利用 FileCopy 语句来实现文件复制功能。

【分析】

FileCopy 语句的功能是复制一个文件,它的语法结构如下:

```
FileCopy source,destination
```

在 FileCopy 语句的语法中包括两个参数,其中 source 用来表示被复制的文件名,而 destination 用来指定复制的目的文件名。

在 source 和 destination 参数中都要包含文件所在的目录或文件夹以及驱动器。

程序设计的具体步骤如下:

【步骤】

1. 设计界面,添加控件

向工具箱中添加一个 CommonDialog 控件,并且把它放置到空白的窗体上。根据程序功能的要求,在窗体上添加两个 CommandButton 控件、两个 TextBox 控件和两个 Label 控件,添加控件后的窗体如图 9-16 所示。控件的属性设置如表 9-7 所示。

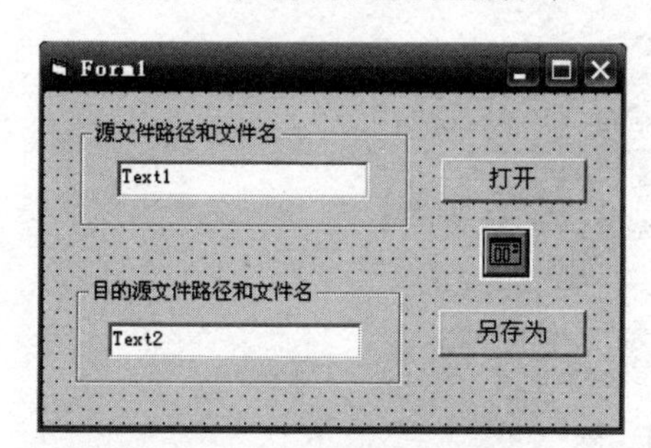

图 9-16 添加控件后的窗体

表 9-7 窗体及控件的属性设置

控件	属性	值
Form	(Name)	Form1
	BorderStyle	3-Fixed Dialog
	Moveable	False(窗口不能移动)
	StartUpPosition	2-CenterScreen(屏幕中心)
Frame	(Name)	Frame1
	Caption	源文件路径和文件名
Frame	(Name)	Frame2
	Caption	目的文件路径和文件名

续表

Text	(Name)	Text1
	Text	
Text	(Name)	Text2
	Text	
CommandButton	(Name)	Command1
	Caption	打开
CommandButton	(Name)	Command2
	Caption	另存为

2. 编写程序的初始化代码

首先在程序的声明中定义两个全局变量：一个用来存储源文件路径和名字，另外一个用来存储目的文件路径和名字。

在程序的设计阶段双击窗体，在程序的声明段中添加下列代码：

```
 Dim source As String
'定义一个存储源文件路径和名字的字符串变量
 Dim destination As String
'定义一个存储目的文件路径和名字的字符串变量
```

3. 响应“打开”按钮的单击事件

在设计阶段双击“打开”按钮，在弹出的代码窗口中添加下列代码：

```
Private Sub Command1_Click()
'显示一个对话框
CommonDialog1.ShowOpen
'存储源文件路径和名字的字符串变量
Source = CommonDialog1.FileName
'显示源文件路径和名字的字符串变量
Text1.Text = source
End Sub
```

说明：程序首先通过 CommonDialog1. Show Open 语句来显示一个对话框，在其中用户可以选择要复制的源文件，然后把选中源文件的路径和文件名存储在变量 source 中，同时通过 Text. Text＝source 把源文件的路径和文件名显示在文本框中。

4. 响应“另存为”按钮的单击事件

在 Command2_Click()事件中添加下列代码：

```
Private Sub Command2_Click()
'显示一个对话框
CommonDialog1.ShowSave
'存储目的文件路径和名字的字符串变量
Destination = CommonDialog1.FileName
```

```
'显示目的文件路径和名字的字符串变量
Text2.Text = destination
'复制文件
FileCopy source,destination
End Sub
```

说明：程序首先通过 CommonDialog1. Show Save 语句来显示一个“另存为”对话框，在其中用户可以选择另存为的目的文件，然后把目的文件的路径和文件名存储在变量 destination 中，同时通过 Text2. Text＝destination 把目的文件的路径和文件名显示在文本框中，最后用“FileCopy source，destination”来复制文件。

5. 存储文件，运行程序

单击“打开”按钮，就会弹出打开文件的对话框，同时对话框中的文本框中会显示出源文件的路径和文件名，然后单击“另存为”按钮，选择一个有别于源文件的目的文件，确定后在下面的文本框中就会显示出目的文件的路径和文件名，与此同时系统自动完成了文件的复制。

运行结果如图 9-17 所示。

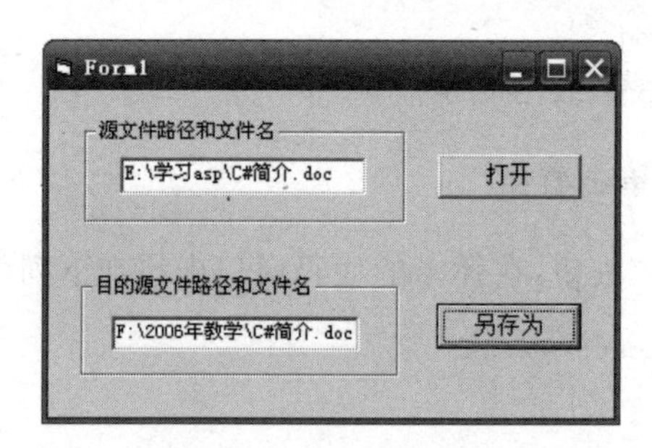

图 9-17　程序的运行结果

注意：如果要对一个已打开的文件使用 FileCopy 语句，则会产生错误。

【题目 7】 设计应用程序，使用文件系统控件，在文本框中显示当前选中的带路径的文件名，也可直接输入路径和文件名；创建命令按钮，实现对指定文件的打开、保存和删除操作，如图 9-18 所示。

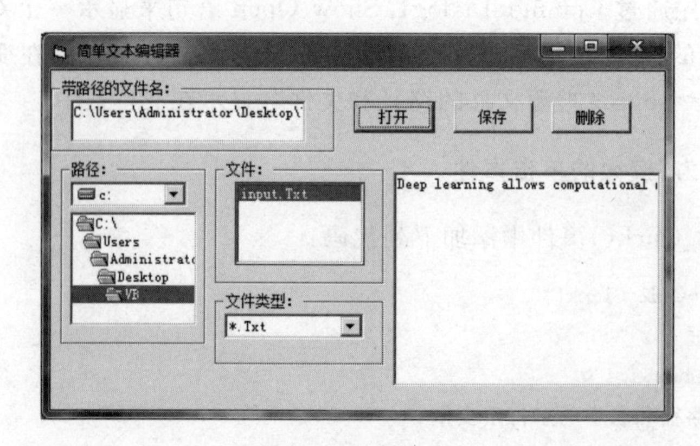

图 9-18　运行结果

【分析】

参考程序代码如下：

```
Private Sub cmdDelete_Click()                    '删除文件
    Kill txtFilename
    txtFilename.Text = ""
    txtFile = ""
    File1.Refresh
End Sub
Private Sub cmdOpen_Click()                      '打开文件,并将其内容显示在文本中
    Dim inputStr As String
    txtFile = ""
    If txtFilename <> "" Then
        Open txtFilename For Input As #1
        Do While Not EOF(1)
            Line Input #1, inputStr
            txtFile = txtFile & inputStr & Chr(13) & Chr(10)
        Loop
    Close #1
    End If
End Sub
Private Sub cmdSave_Click()                      '保存文件
    Open txtFilename For Output As #1
    Print #1, txtFile
    Close #1
    File1.Refresh                                '刷新文件列表框的显示
End Sub
Private Sub Combo1_Click()                       '设置文件列表框中显示的文件类型
    File1.Pattern = Combo1.Text
End Sub
Private Sub Dir1_Change()                        '使文件列表框与目录列表框关联
    File1.Path = Dir1.Path
End Sub
Private Sub Drive1_Change()                      '使目录列表框与驱动器列表框关联
    Dir1.Path = Drive1.Drive
End Sub

Private Sub File1_Click()                        '单击选中文件,并将全文件名显示在文本框中
    If Right(File1.Path, 1) = "\" Then
        txtFilename = File1.Path & File1.FileName
    Else
        txtFilename = File1.Path & "\" & File1.FileName
    End If
End Sub
Private Sub Form_Load()                          '初始化部分属性
```

```
    txtFile = "": txtFilename = ""
    Combo1.AddItem " * .Txt"
    Combo1.AddItem " * .Dat"
    Combo1.Text = " * .Txt"
    File1.Pattern = " * .Txt"
End Sub
```

【题目 8】 设计一个对文件进行加密和解密的程序,密码由用户输入。

【分析】

参考程序代码如下:

```
Private Sub CmdBorws_Click()                    '浏览打开文件
    CmmDlog.DialogTitle = "打开文件"
    CmmDlog.Filter = "Word 文档( * .doc)| * .doc|文本文件( * .txt)| * .txt|所有文件( * . * )| * . * "
    CmmDlog.Action = 1
    TxtFile = CmmDlog.filename
End Sub

Private Sub Cmdjmjm_Click()                     '文件加密/解密
        Dim n% , filn$ , keym$
        keym = Trim(TxtPassword)
        filn = Trim(TxtFile.Text)
        Call filejmjm(filn, keym)               '调用加密过程对文件进行加密
End Sub
Private Function Encrypt(ByVal strsource As Byte, ByVal key1 As Byte) As Byte
    Encrypt = strsource Xor key1                '加密方法是异或
End Function

Private Sub Form_Load()                         '对输入密码文本框初始化
    TxtPassword.PasswordChar = " * "
    TxtPassword.MaxLength = 10
End Sub
Private Sub filejmjm(filename As String, keym As atring)    '对文件进行加密子过程
    Dim char As Byte, key1 As Byte, fn As Byte
    Dim n As Long, i As Integer
    fn = FreeFile
    Open filename For Binary As #fn             '打开源文件
   For n = 1 To LOF(fn)
      Get #fn, n, char                          '从文件读出一个字节
      For i = 1 To Len(keym)                    '循环次数由密码的长度决定
          key1 = Asc(Mid(keym, i, 1))
          char = Encrypt(char, key1)            '对文件的一个字节加密
       Next i
       Put #fn, n, char                         '写入一个字节到原位置
    Next n
    Close #fn
End Sub
```

Visual Basic 数据库应用

一、实验目的与要求

掌握 VB 数据库编程技术。

二、实验内容

【题目 1】 设计一个窗体，先将 ADO Data 控件放置到窗体中，其名字为 Adodc1，按照设置 ConnectionString 属性的具体步骤进行操作。

然后在窗体中设计其他标签、文本框、组合框和命令按钮，设计界面如图 10-1 所示。

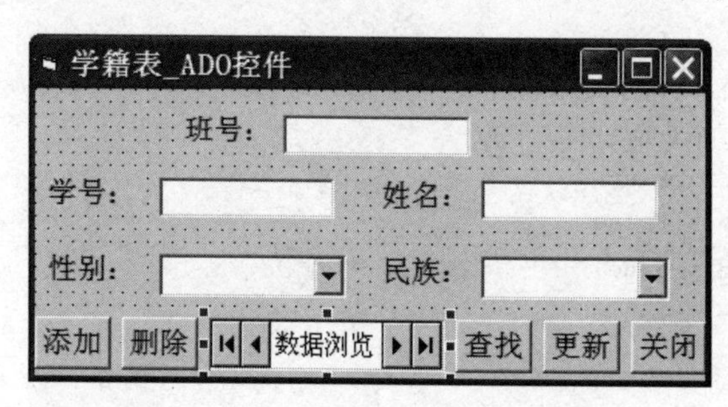

图 10-1　ADO 控件应用例子界面设计

【分析】

参考代码如下：

```
Private Sub cmdAdd_Click()
  bAdd = True
  Adodc1.Recordset.AddNew
  cmdDelete.Enabled = False
  cmdFind.Enabled = False
  cmdUpdate.Enabled = True
  txtFields(0).SetFocus
End Sub
Private Sub cmdDelete_Click()
  If MsgBox("真的要删除当前记录吗", vbYesNo, "信息提示") = vbYes Then
    Adodc1.Recordset.Delete
    Adodc1.Recordset.MoveNext
    If Adodc1.Recordset.EOF Then
      Adodc1.Recordset.MoveFirst
```

```
        If Adodc1.Recordset.BOF Then
            cmdDelete.Enabled = False
            cmdFind.Enabled = False
        End If
      End If
    End If
End Sub
Private Sub cmdClose_Click()
    Unload Me
End Sub
Private Sub cmdFind_Click()
    Dim str As String
    Dim mybookmark As Variant
    mybookmark = Adodc1.Recordset.Bookmark
    str = InputBox("输入查找表达式,如年龄 = 9", "查找")
    If str = "" Then Exit Sub
    Adodc1.Recordset.MoveFirst
    Adodc1.Recordset.Find str
    If Adodc1.Recordset.EOF Then
        MsgBox "指定的条件没有匹配的记录", , "信息提示"
        Adodc1.Recordset.Bookmark = mybookmark
    End If
End Sub
Private Sub cmdUpdate_Click()
    Adodc1.Recordset.Update
    Adodc1.Recordset.MoveLast
    cmdUpdate.Enabled = False
    cmdDelete.Enabled = True
    cmdFind.Enabled = True
End Sub
Private Sub Form_Load()
    If Adodc1.Recordset.EOF And Adodc1.Recordset.BOF Then
        cmdFind.Enabled = False
        cmdDelete.Enabled = False
    End If
    cmdUpdate.Enabled = False
    Adodc1.Recordset.MoveFirst
End Sub
```

本窗体的运行界面如图 10-2 所示。控件的属性设置如表 10-1 所示。

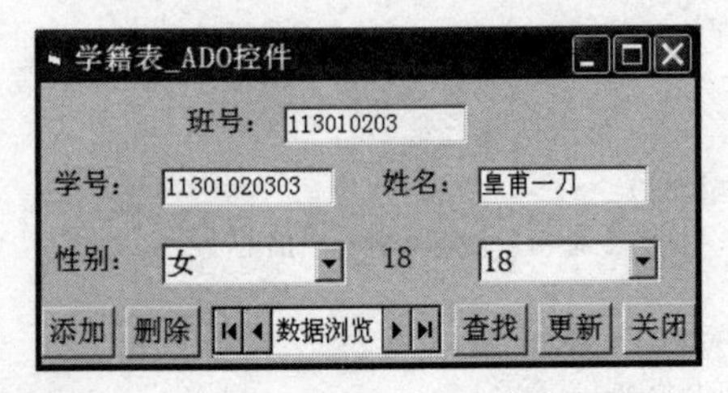

图 10-2　ADO 控件应用例子执行界面

表 10-1 控件属性设置

控 件 名	属 性 名	设 置 值
Adodc1	ConnectMode	3
	CursorLocation	3
	ConnectionTimeout	15
	CursorType	3
	LockType	3
	CommandType	2
	BOFAction	0
	EOFAction	0
	ConnectStringType	1
	DataSourceName	
	UserName	
	Password	
	RecordSource	学籍表
	Caption	数据浏览
CmdUpdate	Caption	更新
Combo2	DataField	民族
	DataSource	Adodc1
Combo1	DataField	性别
	DataSource	Adodc1
cmdClose	Caption	关闭
cmdFind	Caption	查找
cmdDelete	Caption	删除
cmdAdd	Caption	添加
txtFields(0)	DataField	学号
	DataSource	Adodc1
txtFields(1)	DataField	姓名
	DataSource	Adodc1
txtFields(2)	DataField	班号
	DataSource	Adodc1
lblLabels(0)	AutoSize	−1 True
	Caption	学号：
lblLabels(1)	AutoSize	−1 True
	Caption	姓名：
lblLabels(2)	AutoSize	−1 True
	Caption	性别：
lblLabels(3)	AutoSize	−1 True
	Caption	民族：
lblLabels(4)	AutoSize	−1 True
	Caption	班号：

第三部分　测　试　题

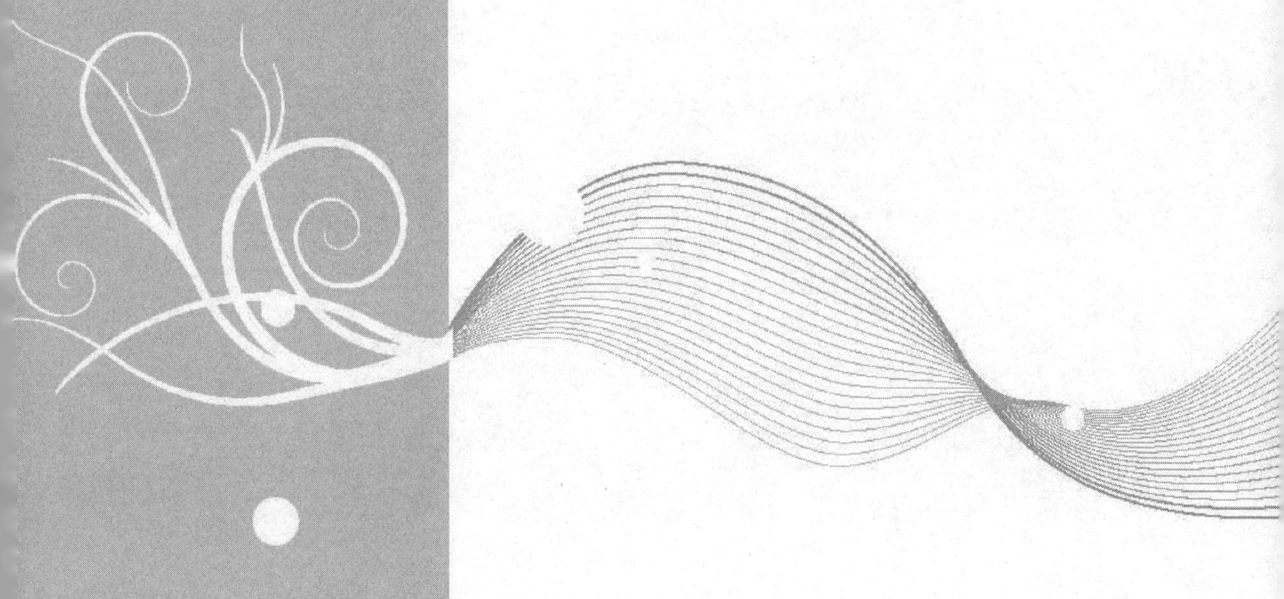

- 模拟测试题一
- 模拟测试题二
- 综合习题集

模拟测试题一

一、单选题(每题 2 分,共 60 分)

1. 在窗体上画一个命令按钮和一个标签,其名称分别为 Command1 和 Label1,然后编写如下事件过程:

```
Private Sub Command1_Click()
    Counter = 0
    For i = 1 To 4
        For j = 6 To 1 Step -2
            Counter = Counter + 1
        Next j
    Next i
    Label1.Caption = Str(Counter)
End Sub
```

程序运行后,单击命令按钮,标签中显示的内容是________。

A. 16　　B. 20　　C. 12　　D. 11

2. 有如下程序:

```
Option Base 1
Private Sub Form_Click()
    Dim arr, Sum
    Sum = 0
    arr = Array(1, 3, 5, 7, 9, 11, 13, 15, 17, 19)
    For i = 1 To 10
        If arr(i) / 3 = arr(i) \ 3 Then
            Sum = Sum + arr(i)
        End If
    Next i
    Print Sum
End Sub
```

程序运行后,单击窗体,输出结果为________。

A. 28　　B. 25　　C. 26　　D. 27

3. 设在窗体上有一个名称为 Combo1 的组合框,含有 5 个项目,要删除最后一项,正确的语句是________。

A. Combo1. RemoveItem 4

B. Combo1. RemoveItem Combo1. Text

C. Combo1. RemoveItem Combo1. ListCount

D. Combo1. RemoveItem 5

4. 符号%是声明________类型变量的类型定义符。

A. Variant　　B. Integer　　C. Single　　D. String

5. 图像框有一个属性,可以自动调整图像框的大小,以适应图像的尺寸,这个属性是________。

A. Stretch　　B. AutoSize　　C. AutoRedraw　　D. Appearance

6. 以下叙述中错误的是________。

A. 全局变量一般在标准模块中定义

B. 在一个窗体文件中,用 Private 定义的通用过程能被其他窗体调用

C. 在设计 VB 程序时,窗体、标准模块、类模块等需要分别保存为不同类型的磁盘文件

D. 一个工程中可以包含多个窗体文件

7. 在窗体上画一个命令按钮,然后编写如下程序:

```
Sub S1(ByVal x As Integer, ByVal y As Integer)
    Dim t As Integer
    t = x
    x = y
    y = t
End Sub

Private Sub Command1_Click()
    Dim a As Integer, b As Integer
    a = 10
    b = 30
    S1 a, b
    Print "a = "; a; "b = "; b
End Sub
```

程序运行后,单击命令按钮,输出结果是________。

A. a= 10 b= 10　　B. a= 30 b= 30

C. a= 10 b= 30　　D. a= 30 b= 10

8. 设 x=4,y=6,则以下不能在窗体上显示出 A=10 的语句是________。

A. Print A=x+y　　B. Print "A=";x+y

C. Print "A="&x+y　　D. Print "A="+str(x+y)

9. 下列语句都是在 Form 中定义的,________是错的。

A. Private a4 As Integer　　B. Public Const A1 = 2u

C. Private Const A2 = 8　　D. Public a3 As Integer

10．设有如图1所示的窗体和以下程序：

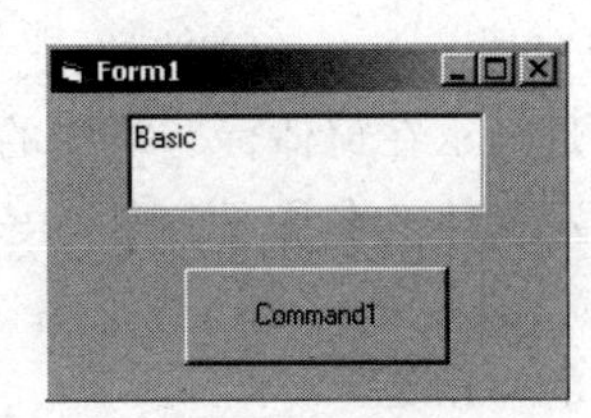

图1　窗体

```
Private Sub Command1_Click()
    Text1.Text = "Visual Basic"
End Sub
Private Sub Text1_LostFocus()
    If Text1.text <>"BASIC" Then
        Text1.Text = ""
        Text1.SetFocus
    End If
End Sub
```

程序运行时，在Text1文本框中输入Basic（如图所示），然后单击Command1按钮，则产生的结果是________。

A．文本框中为Basic，焦点在按钮上

B．文本框中为Basic，焦点在文本框中

C．文本框中无内容，焦点在文本框中

D．文本框中为Visual Basic，焦点在按钮上

11．以下关于菜单的叙述中，错误的是________。

A．弹出式菜单在菜单编辑器中设计

B．在程序运行过程中可以增加或减少菜单项

C．利用控件数组可以实现菜单项的增加或减少

D．如果把一个菜单的Enabled属性设置为False，则可删除该菜单项

12．假定有以下循环结构：

```
Do Until 条件表达式
    循环体
Loop
```

则以下正确的描述是________。

A．如果“条件表达式”的值恒为0，则无限次执行循环体

B．如果“条件表达式”的值不为0，则至少执行一次循环

C．不论“条件表达式”的值是否为“真”，至少要执行一次循环

D．如果“条件表达式”的值是0，则一次循环体也不执行

13．若要使标签控件显示时，不覆盖其背景内容，应设置标签控件的________属性。

A．BackStyle　　B．BorderStyle　　C．ForeColor　　D．BackColor

14．为了清除列表框中的所有内容，应使用的方法是________。

A．RemoveItem　　B．Clear　　C．Remove　　D．Cls

15. 以下叙述中正确的是________。

A. 可以在运行期间改变窗体的 Name 属性的值

B. 窗体的 Name 属性值是显示在窗体标题栏中的文本

C. 窗体的 Name 属性指定窗体的名称,用来标识一个窗体

D. 窗体的 Name 属性值可以为空

16. 目录列表框的 Path 属性的作用是________。

A. 显示根目录下的文件名

B. 显示当前驱动器或指定驱动器上的目录结构

C. 显示该路径下的文件

D. 显示当前驱动器或指定驱动器上的某目录下的文件名

17. 在窗体上画一个命令按钮和一个文本框,并把窗体的 KeyPreview 属性设置为 False,然后编写如下代码:

```
Dim SaveAll As String
Private Sub Command1_Click()
    Text1.Text = UCase(SaveAll)
End Sub

Private Sub Form_KeyPress(KeyAscii As Integer)
    SaveAll = SaveAll + Chr(KeyAscii)
End Sub
```

程序运行后,在键盘上输入 abcdefg,单击命令按钮,则文本框中显示的内容为________。

A. 不显示任何信息　B. abcdefg　C. ABCDEFG　D. 出错

18. 窗体上有一个名称为 Text1 的文本框和一个名称为 Command1 的命令按钮。要求程序运行时,单击命令按钮,就可把文本框中的内容写到文件 out.txt 中,每次写入的内容附加到文件原有内容之后。下面能够正确实现上述功能的程序是________。

A.
```
Private Sub Command1_Click()
    Open "out.txt" For Random As #1
    Print #1,Text1.Text
    Close #1
End Sub
```

B.
```
Private Sub Command1_Click()
    Open "out.txt" For Output As #1
    Print #1,Text1.Text
    Close #1
End Sub
```

C.
```
Private Sub Command1_Click()
    Open "out.txt" For Append As #1
    Print #1,Text1.Text
    Close #1
End Sub
```

D. Private Sub Command1_Click()
    Open "out.txt" For Input As #1
    Print #1,Text1.Text
    Close #1
  End Sub

19. 以下数组定义语句中,错误的是________。

A. Static a(10) As Integer
B. Dim b(0 To 5,1 To 3) As Integer
C. Dim d(−10)
D. Dim c(3,1 To 4)

20. 有一个名称为 Form1 的窗体,上面没有控件,设有以下程序(其中方法 PSet(X,Y) 的功能是在坐标 X、Y 处画一个点):

```
Dim cmdmave As Boolean
Private Sub Form_MouseDown(Button As Integer,Shift As Integer,X As Single,Y As Single)
  cmdmave = True
End Sub
Private Sub Form_MouseMove(Button As Integer, Shift As Integer, X As Single, Y As Single)
  If cmdmave Then
      Form1.PSet(X,Y)
  End If
End Sub
Private Sub Form_MouseUp(Button As Integer, Shift As Integer, X As Single, Y As Single)
  cmdmave = False
End Sub
```

此程序的功能是________。

A. 每按下鼠标键一次,在鼠标所指位置画一个点
B. 按下鼠标键,则在鼠标所指位置画一个点;放开鼠标键,则此点消失
C. 按下鼠标键并拖动鼠标,则沿鼠标拖动的轨迹画一条线,放开鼠标键则结束画线
D. 不按鼠标键而拖动鼠标,则沿鼠标拖动的轨迹画一条线

21. 在窗体上画两个名称分别为 Text1、Text2 的文本框和一个名称为 Command1 的命令按钮,然后编写如下事件过程:

```
Private Sub Command1_Click()
    Dim x As Integer, n As Integer
    x = 1
    n = 0
    Do While x < 20
        x = x * 3
        n = n + 1
    Loop
    Text1.Text = Str(x)
    Text2.Text = Str(n)
End Sub
```

程序运行后,单击命令按钮,在两个文本框中显示的值分别是________。

A. 600 和 4　　B. 27 和 3　　C. 195 和 3　　D. 15 和 1

22. 决定一个窗体有无控制菜单的属性是________。

A. MaxButton　　B. Caption　　C. MinButtom　　D. ControlBox

23. 下列程序段的执行结果为________。

```
N = 10
For K = N To 1 Step - 1
    X = Sqr(K)
    X = X - 2
Next K
Print X - 2
```

A. 1.162 277 65　　B. −1　　C. 1　　D. −3

24. 在窗体上画一个名称为 Command1 的命令按钮和两个名称分别为 Text1、Text2 的文本框,然后编写如下事件过程:

```
Private Sub Command1_Click()
    n = Text1.Text
    Select Case n
        Case 1 To 20
            x = 10
        Case 2,4,6
            x = 20
        Case Is < 10
            x = 30
        Case 10
            x = 40
    End Select
    Text2.Text = x
End Sub
```

程序运行后,如果在文本框 Text1 中输入 10,然后单击命令按钮,则在 Text2 中显示的内容是________。

A. 40　　B. 20　　C. 30　　D. 10

25. 在窗体上画一个名称为 Text1 的文本框和一个名称为 Command1 的命令按钮,然后编写如下事件过程:

```
Private Sub Command1_Click()
    Dim array1(10, 10) As Integer
    Dim i, j As Integer
    For i = 1 To 3
        For j = 2 To 4
            array1(i, j) = i + j
        Next j
```

```
    Next i
    Text1.Text = array1(2, 3) + array1(3, 4)
End Sub
```

程序运行后,单击命令按钮,在文本框中显示的值是________。

A. 15　　B. 13　　C. 14　　D. 12

26. 要使一个命令按钮成为图形命令按钮,则应设置其________属性值。

A. DownPicture　　B. Style

C. Picture　　D. DisabledPicture

27. 下列表达式中不能判断 x 是否为偶数的是________。

A. x Mod 2=0　　B. x/2=Int(x/2)

C. Fix(x/2)=x/2　　D. x\2=0

28. 在窗体上有一个文本框控件,名称为 TxtTime;一个计时器控件,名称为 Timer1,要求每一秒在文本框中显示一次当前的时间。程序为:

```
Private Sub Timer1 ________()
    TxtTime.text = Time
End Sub
```

在下画线处应填入的内容是________。

A. Interval　　B. Visible　　C. Enabled　　D. Timer

29. 以下关于过程及过程参数的描述中,错误的是________。

A. 过程的参数可以是控件名称

B. 窗体可以作为过程的参数

C. 只有函数过程能够将过程中处理的信息传回到调用的程序中

D. 用数组作为过程的参数时,使用的是“传地址”方式

30. 以下合法的 Visual Basic 标识符是________。

A. 9abc　　B. Const　　C. ForLoop　　D. a#x

二、填空题(每题 4 分,共 20 分)

1. 执行下面的程序段后,变量 S 的值________。

```
S = 5
For i = 2.6 To 4.9 Step 0.6
    S = S + 1
Next i
```

2. 下列表达式有错误,正确的写法应该是________。

```
(a + b + c)/80 - 5 ÷ (d + e)
```

3. 下列语句的执行结果是________。

```
Print Int(12345.6789 * 100 + 0.5)/100
```

4. 在窗体上画一个命令按钮，其名称为 Command1，然后编写如下事件过程：

```
Private Sub Command1_Click()
  Dim arr(1 To 100) As Integer
  For i = 1 To 100
    arr(i) = Int(Rnd * 1000)
  Next i
  Max = arr(1)
  Min = arr(1)
  For i = 1 To 100
    If ______ Then
       Max = arr(i)
    End If
    If ______ Then
       Min = arr(i)
    End If
  Next i
  Print "Max = "; Max, "Min = "; Min
End Sub
```

程序运行后，单击命令按钮，将产生 100 个 1000 以内的随机整数，加入数组 arr 中，然后查找并输出这 100 个数中的最大值 Max 和最小值 Min，请填空。

5. 在窗体上画两个文本框(其 Name 属性分别为 Text1 和 Text2)和一个命令按钮(其 Name 属性为 Command1)，然后编写如下事件过程：

```
Private Sub Command1_Click()
    x = 0
    Do While x < 50
       x = (x + 2) * (x + 3)
       N = N + 1
    Loop
    Text1.Text = Str(N)
    Text2.Text = Str(x)
End Sub
```

程序运行后，单击命令按钮，Text1 中显示的值是________；Text2 中显示的值是________。

三、VB(每题 10 分，共 20 分)

1. 请根据以下各小题的要求设计 Visual Basic 应用程序(包括界面和代码)。

(1) 在 Form1 的窗体上画一个名称为 P1 的图片框，然后建立一个主菜单，标题为“操作”，名称为 Op，该菜单有两个子菜单，其标题分别为“显示”和“清除”，名称分别为 Dis 和 Clea，编写适当的事件过程。程序运行后，如果单击“操作”菜单中的“显示”命令，则在图片框中显示“等级考试”；如果单击“清除”命令，则清除图片框中的信息。程序的运行情况如图 2 所示。

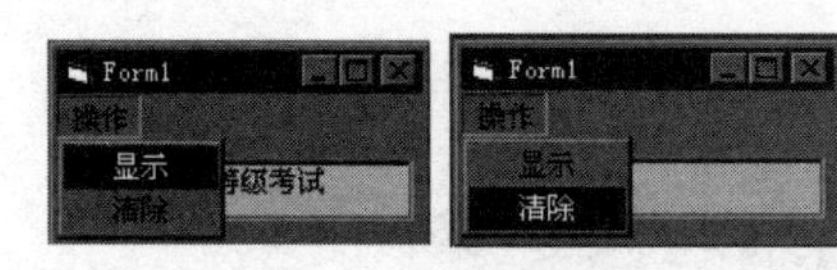

图 2　菜单界面图

注意：存盘时必须存放在考生文件夹下，工程文件名为 sjt15.vbp，窗体文件名为 sjt15.frm。程序中不得使用任何变量。

(2) 在 Form1 的窗体上画一个列表框，名称为 L1，通过属性窗口向列表框中添加 4 个项目，分别为 AAAA、BBBB、CCCC 和 DDDD，编写适当的事件过程，过程中只能使用一条命令。程序运行后，如果双击列表框中的某一项，则把该项添加到列表框中。程序的运行情况如图 3 所示。

注意：存盘时必须存放在考生文件夹下，工程文件名为 sjt16.vbp，窗体文件名为 sjt16.frm。

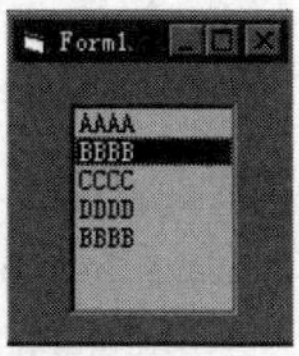

图 3　列表框界面图

2. 请根据以下各小题的要求设计 Visual Basic 应用程序(包括界面和代码)。

(1) 在名称为 Form1 的窗体上放置一个名称为 Drive1 的 DriveListBox 控件、一个名称为 Dir1 的 DirListBox 控件和一个名称为 File1 的 FileListBox 控件。程序运行时，可以对系统中的文件进行浏览；当双击 File1 中的文件名时，用 MsgBox 显示文件名(不显示路径名)。

注意：程序中不得使用任何变量；保存时必须存放在考生文件夹下，窗体文件名为 wy48.frm，工程文件名为 wy48.vbp(如图 4 所示)。

(2) 在名称为 Form1 的窗体上放置一个名为 Text1 的文本框控件和一个名为 Timer1 的计时器控件，程序运行后，文本框中显示的是当前的时间，而且每一秒文本框中所显示的时间都会随时间的变化而改变。

注意：程序中不得使用任何变量；保存时必须存放在考生文件夹下，窗体文件名为 wy49.frm，工程文件名为 wy49.vbp(如图 5 所示)。

图 4　界面图

图 5　运行效果图

模拟测试题二

一、单选题(每题 2 分,共 60 分)

1. 已知在 4 行 3 列的全局数组 score(4,3)中存放了 4 个学生 3 门课程的考试成绩(均为整数)。现需要计算每个学生的总分,某人编写程序如下:

```
Option Base 1
Private Sub Command1_Click()
    Dim sum As Integer
    sum = 0
    For i = 1 To 4
        For j = 1 To 3
            sum = sum + score(i, j)
        Next j
        Print "第" & i & "个学生的总分是: "; sum
     Next i
End Sub
```

运行此程序时发现,除第 1 个人的总分计算正确外,其他人的总分都是错误的,程序需要修改。以下修改方案中正确的是________。

A. 把外层循环语句 For i=1 To 4 改为 For i=1 To 3
   内层循环语句 For j=1 To 3 改为 For j=1 To 4

B. 把 sum=sum+score(i,j)改为 sum=sum+score(j,i)

C. 把 sum=0 移到 For i=1 To 4 和 For j=1 To 3 之间

D. 把 sum=sum+score(i,j)改为 sum=score(i,j)

2. 为了清除窗体上的一个控件,下列正确的操作是________。

A. 按 Esc 键

B. 按回车键

C. 选择(单击)要清除的控件,然后按 Del 键

D. 选择(单击)要清除的控件,然后按回车键

3. 在窗体(名称为 Form1)上画一个名称为 Text1 的文本框和一个名称为 Command1 的命令按钮,然后编写一个事件过程。程序运行后,如果在文本框中输入一个字符,则把命令按钮的标题设置为“计算机等级考试”。以下能实现上述操作的事件过程是________。

A. Private Sub Form1_ Click()
   Text1. Caption = "计算机等级考试"
   End Sub

B. Private Sub Command1_ Click()
   Caption = "计算机等级考试"
   End Sub

C. Private Sub Text1_Change()
   Command1. Caption = "计算机等级考试"
   End Sub

D. Private Sub Command1_ Click()
   Text1. Text = "计算机等级考试"
   End Sub

4. 对变量名说法不正确的是________。

A. 可以包含字母、数字、下画线和标点符号

B. 必须是字母开头,不能是数字或其他字符

C. 不能超过 255 个字符

D. 不能是 VB 的保留字

5. 设置复选框中或单选按钮的标题对齐方式的属性是________。

A. Sorted　　B. Style　　C. Align　　D. Alignment

6. 在 VB 6.0 中,下列说法________是不对的。

A. 可以编写 ActiveX 控件

B. 可以写出 16 位应用程序

C. 可以通过直接访问或建立连接的方式访问大型网络数据库

D. 可以编写网络程序

7. 设 a=6,则执行

```
x = IIF(a > 5, - 1,0)
```

后,x 的值为________。

A. 0　　B. 5　　C. −1　　D. 6

8. 设在窗体 Form1 上有一个列表框 List1,其中有若干个项目。要求单击列表框中某一项时,把该项显示在窗体上,正确的事件过程是________。

A. Private Sub Form1_Click()
   Print List1. Text
   End Sub

B. Private Sub List1_Click()
   Print List1. Text
   End Sub

C. Private Sub List1_Click()
   Print Form1. Text
   End Sub

D. Private Sub Form1_Click()
List1. Print List1. Text
End Sub

9. 下列语句都是在Form中定义的，________是错的。

A. Public a3 As Integer　　B. Private Const A2 = 8

C. Public Const A1 = 2u　　D. Private a4 As Integer

10. 在窗体上画一个文本框(其名称为Text1)和一个标签(其名称为Label1)，程序运行后，如果在文本框中输入指定的信息，则立即在标签中显示相同的内容。以下可以实现上述操作的事件过程是________。

A. Private Sub Text1_Click()
Label1. Caption=Text1. Text
End Sub

B. Private Sub Label1_Change()
Label1. Caption=Text1. Text
End Sub

C. Private Sub Text1_Change()
Label1. Caption=Text1. Text
End Sub

D. Private Sub Label1_Click()
Label1. Caption=Text1. Text
End Sub

11. 在用菜单编辑器设计菜单时，必须输入的项是________。

A. 名称　　B. 索引　　C. 快捷键　　D. 标题

12. 下面循环语句中，在任何情况下都至少执行一次循环体的是________。

A. Do Until <条件>
循环体
Loop

B. While <条件>
循环体
Wend

C. Do
循环体
Loop Until <条件>

D. Do While <条件>
循环体
Loop

13. 下列控件________不能接受快捷键。

A. 文本框　　B. 列表框　　C. 按钮　　D. 标签

14. 在 VB 的集成开发环境中不能执行程序的方法是________。
A. 按 F5 键　　B. 按 F8 键
C. 按 F9 键　　D. 按 Shift+F8 键

15. 以下叙述中正确的是________。
A. 窗体的 Name 属性指定窗体的名称，用来标识一个窗体
B. 可以在运行期间改变窗体的 Name 属性的值
C. 窗体的 Name 属性值是显示在窗体标题栏中的文本
D. 窗体的 Name 属性值可以为空

16. 改变驱动器列表框的 Drive 属性值将激活________事件。
A. KeyUp　　B. KeyDown　　C. Change　　D. Scroll

17. 在设计阶段，当双击窗体上的某个控件时，所打开的窗口是________。
A. 代码窗口　　B. 属性窗口
C. 工具箱窗口　　D. 工程资源管理器窗口

18. 窗体上有一个名称为 Text1 的文本框和一个名称为 Command1 的命令按钮。要求程序运行时，单击命令按钮，就可把文本框中的内容写到文件 out.txt 中，每次写入的内容附加到文件原有内容之后。下面能够正确实现上述功能的程序是________。

A.
```
Private Sub Command1_Click()
    Open "out.txt" For Random As #1
    Print #1,Text1.Text
    Close #1
End Sub
```
B.
```
Private Sub Command1_Click()
    Open "out.txt" For Output As #1
    Print #1,Text1.Text
    Close #1
End Sub
```
C.
```
Private Sub Command1_Click()
    Open "out.txt" For Append As #1
    Print #1,Text1.Text
    Close #1
End Sub
```
D.
```
Private Sub Command1_Click()
    Open "out.txt" For Input As #1
    Print #1,Text1.Text
    Close #1
End Sub
```

19. 用 Dim(1,3 to 7,10)声明的是一个________维数组。
A. 2　　B. 1　　C. 3　　D. 4

20. 下列程序段的执行结果为________。

```
X = 5
Y = -20
If Not X > 0 Then X = Y - 3 Else Y = X + 3
Print X - Y; Y - X
```

A. 25 −25　　B. 5 −8　　C. 3 −3　　D. −3 3

21. 要获得文件列表框中当前被选中的文件的文件名,则应使用________属性。

A. Drive　　B. Dir　　C. Filename　　D. Path

22. 决定一个窗体有无控制菜单的属性是________。

A. ControlBox　　B. Caption　　C. MaxButton　　D. MinButtom

23. 设窗体上有一个文本框 Text1 和一个命令按钮 Command1,并有以下事件过程:

```
Private Sub Command1_Click()
    Dim s As String, ch As String
    s = ""
    For k = 1 To Len(Text1)
        ch = Mid(Text1, k, 1)
        s = ch + s
    Next k
    Text1.Text = s
End Sub
```

程序执行时,在文本框中输入 Basic,然后单击命令按钮,则 Text1 中显示的是________。

A. CISAB　　B. cisaB　　C. BASIC　　D. Basic

24. 以下正确的叙述是________。

A. 如下 Select Case 语句中的 Case 表达式是错误的:

```
Select Case x
  Case 1 to 10
  ...
End Select
```

B. Select Case 语句中的测试表达式只能是数值表达式或字符串表达式

C. 在执行 Select Case 语句时,所有的 Case 子句均按出现的次序被顺序执行

D. Select Case 语句中的测试表达式可以是任何形式的表达式

25. 若在某窗体模块中有如下事件过程:

```
Private Sub Command1_Click(Index As Integer)
...
End Sub
```

则以下叙述中正确的是________。

A. 有一个名称为 Command1 的控件数组,数组中有多个相同类型的控件

B. 有一个名称为 Command1 的窗体,单击此窗体则执行此事件过程

C. 有一个名称为 Command1 的控件数组,数组中有多个不同类型的控件

D. 此事件过程与不带参数的事件过程没有区别

26. 对用 MsgBox 显示的消息框，下面________是错的。

A. 可以有四个按钮　　B. 可以有三个按钮

C. 可以有一个按钮　　D. 可以有两个按钮

27. 下列表达式中不能判断 x 是否为偶数的是________。

A. Fix(x/2)＝x/2　　B. x Mod 2＝0

C. x/2＝Int(x/2)　　D. x\2＝0

28. 在列表框中当前被选中的列表项的序号是由________属性表示的。

A. Listindex　　B. Index　　C. List　　D. Tabindex

29. 现有如下程序：

```
Private Sub Command1_Click()
    s = 0
    For i = 1 To 5
        s = s + f(5 + i)
    Next
    Print s
End Sub
Public Function f(x As Integer)
    If x >= 10 Then
        t = x + 1
    Else
        t = x + 2
    End If
    f = t
End Function
```

运行程序，则窗体上显示的是________。

A. 38　　B. 49　　C. 70　　D. 61

30. 下面可以正确定义两个整型变量和一个字符串变量的语句是________。

A. Dim n,m As Integer,s As String　　B. Dim a As Integer,b,c As String

C. Dim a%,b$,c As String　　D. Dim x%,y As Integer,z As String

二、填空题(每题 4 分，共 20 分)

1. 执行下面的程序段后，变量 S 的值为________。

```
S = 5
For i = 2.6 To 4.9 Step 0.6
    S = S + 1
Next i
```

2. 以下程序段的输出结果是________。

```
x = 8.5
print int(x) + 0.6
```

3. 执行下面的程序段后,b 的值为________。

```
a = 300
B = 20
a = a + B
B = a - B
a = a - B
```

4. 在窗体上画一个文本框,名称为 Text1,然后编写如下程序:

```
Private Sub Form_Load()
    Open "d:\temp\dat.txt" For Output As #1
    Text1.Text = ""
End Sub
Private Sub Text1_KeyPress(KeyAscii As Integer)
    If ______ = 13 Then
    If UCase(Text1.Text) = ______ Then
            Close #1
            End
        Else
            Write #1,______
            Text1.Text = ""
        End If
    End If
  End Sub
```

以上程序实现的是,在 D 盘 temp 目录下建立一个名为 dat.txt 的文件,在文本框中输入字符,每次按回车键(回车符的 ASCII 码是 13)都把当前文本框中的内容写入文件 dat.txt,并清除文本框中的内容;如果输入 END,则结束程序。请填空。

5. 在窗体上画一个文本框和一个图片框,然后编写如下两个事件过程:

```
Private Sub Form_Click()
    Text1.Text = "VB 程序设计"
End Sub

Private Sub Text1_Change()
    Picture1.Print "VB programming"
End Sub
```

程序运行后,单击窗体,则在文本框中显示的内容是"VB 程序设计",而在图片框中显示的内容是________。

三、VB(每题 10 分,共 20 分)

1. (1) 在名称为 Form1 的窗体上画一个名称为 H1 的水平滚动条,请在属性窗口中设置它的属性值,满足以下要求:它的最大刻度值为 100,最小刻度值为 1,在运行时单击滚动条上滚动框以外的区域(不包括两边按钮),滚动框移动 10 个刻度。再在滚动条下面画两个名称分别为 L1、L2 的标签，并分别显示 1、100，运行时的窗体如图 6 所示。

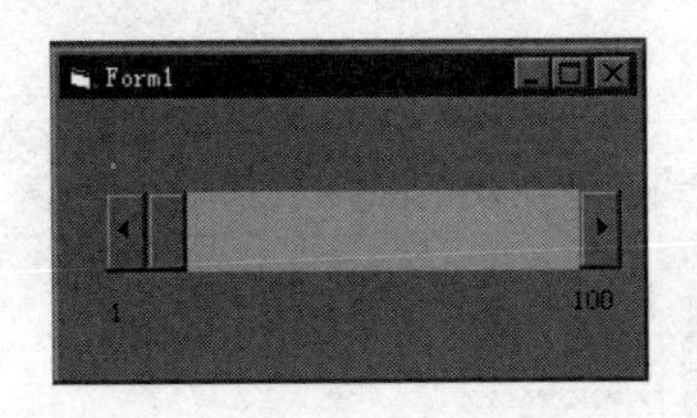

图 6　滚动条运行效果图

注意：存盘时必须存放在考生文件夹下，工程文件名为 sj12. vbp，窗体文件名为 sj12. frm。

(2) 在名称为 Form1 的窗体上画两个文本框，名称分别为 Text1 和 Text2，均无初始内容；再建立一个下拉菜单，菜单标题为“操作”，名称为 M1，此菜单下含有两个菜单项，名称分别为 Copy 和 Clear，标题分别为“复制”“清除”，请编写适当的事件过程，使得在运行时，单击“复制”菜单项，则把 Text1 中的内容复制到 Text2 中，单击“清除”菜单项，则清除 Text2 中的内容(即在 Text2 中填入空字符串)。运行时的窗体如图 7 所示。要求在程序中不得使用任何变量，每个事件过程中只能写一条语句。

图 7　菜单运行效果图

注意：存盘时必须存放在考生文件夹下，工程文件名为 sj13. vbp，窗体文件名为 sj13. frm。

2. 请根据以下各小题的要求设计 Visual Basic 应用程序(包括界面和代码)。

(1) 在名称为 Form1 的窗体上画一个名称为 Command1、标题为“保存文件”的命令按钮，再画一个名称为 CommonDialog1 的通用对话框。

要求：

① 通过属性窗口设置适当的属性，使得运行时对话框的标题为“保存文件”，且默认文件名为 out2；

② 运行时单击“保存文件”按钮，则以“保存对话框”方式打开该通用对话框，如图 8 所示。

注意：要求程序中不能使用变量，每个事件过程中只能写一条语句。

保存时必须存放在考生文件夹下，工程文件名为 sj89. vbp，窗体文件名为 sj89. frm。

(2) 在名称为 Form1 的窗体上画一个名称为 Image1 的图像框，有边框，并可以自动调整装入图片的大小以适应图像框的尺寸；再画三个命令按钮，名称分别为 Command1、Command2、Command3，标题分别为“红桃”“黑桃”“清除”。在考生文件夹下有两个图标文

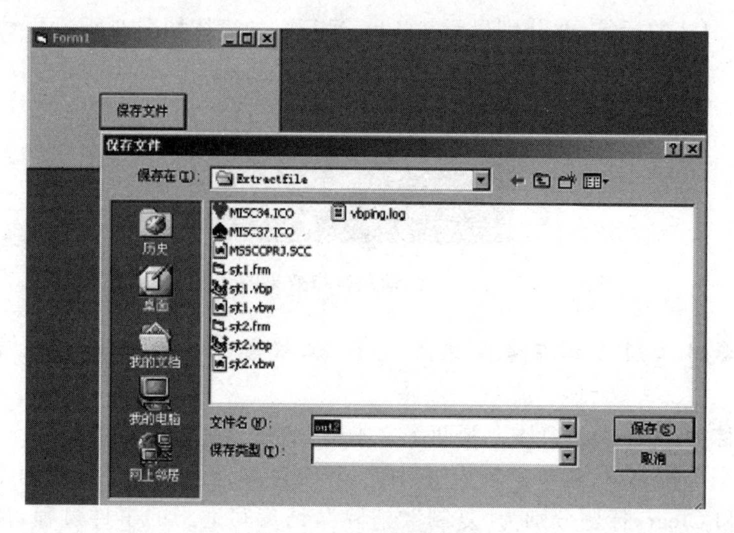

图 8 运行图

件,其名称分别为 Misc34. ico 和 Misc37. ico。程序运行时,单击"红桃"按钮,则在图像框中显示红桃图案(即 Misc34. ico 文件,如图 9 所示);单击"黑桃"按钮,则在图像框中显示黑桃图案(即 Misc37. ico 文件);单击"清除"按钮则清除图像框中的图案。请编写相应控件的 Click 事件过程,实现上述功能。

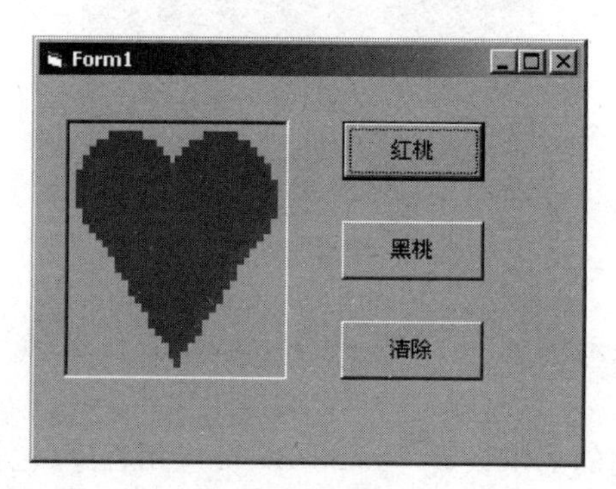

图 9 效果图

注意:要求程序中不得使用变量,每个事件过程中只能写一条语句。存盘时必须存放在考生文件夹下,工程文件名为 sj90. vbp,窗体文件名为 sj90. frm。

综合习题集

一、单选题

1. 在设计应用程序时，通过________窗口可以查看到应用程序工程中的所有组成部分。

A. 代码窗口　　B. 窗体设计窗口

C. 属性窗口　　D. 工程资源管理器窗口

答案：D

2. 如果要向工具箱中加入控件和部件，可以利用“工程”菜单中的________命令。

A. 引用　　B. 部件　　C. 工程属性　　D. 添加窗体

答案：B

3. 表达式 4+5\6*7/8 Mod 9 的值是________。

A. 4　　B. 5　　C. 6　　D. 7

答案：B

分析：

按照算术运算符的优先级的关系，该表达式应先计算 6*7，结果为 42；然后计算 42/8，结果为 5.25；然后计算 5\5.25，结果为 1；最后计算 1 Mod 9，结果为 1。所以表达式的最终值为 4+1，即 5。

4. 以下语句的输出结果是________。

```
Print Format $ ("32548.5","000,000.00")
```

A. 32548.5　　B. 32,548.5　　C. 032,548.50　　D. 32,548.50

答案：C

分析：

因为输出格式已经规定为整数部分三位分割，小数部分共两位。所以 32548.5 的输出样式应该是 032,548.50。

5. 在窗体上画一个命令按钮，然后编写如下事件过程：

```
Private Sub Command1_Click()
    x = 0
    Do Until x = -1
        a = InputBox("请输入 A 的值")
```

```
        a = Val(a)
        b = InputBox("请输入 B 的值")
        b = Val(b)
        x = InputBox("请输入 x 的值")
        x = Val(x)
        a = a + b + x
    Loop
    Print a
End Sub
```

程序运行后，单击命令按钮，依次在输入对话框中输入5、4、3、2、1、-1，则输出结果为________。

A. 2　　B. 3　　C. 14　　D. 15

答案：A

分析：

本题需要注意的是，每次循环开始的时候a都被重新赋了一次值，所以最后的结果仅仅是2+1+(-1)。最终的输出是2。

6. 阅读下面的程序段：

```
For i = 1 To 3
    For j = 1 To i
        For k = j To 3
            a = a + 1
        Next k
    Next j
Next i
```

执行上面的三重循环后，a的值为________。

A. 3　　B. 9　　C. 14　　D. 21

答案：C

7. 下列程序段的执行结果为________。

```
N = 0
For I = 1 To 3
    For J = 5 To 1 Step -1
        N = N + 1
Next J, I
Print N; J; I
```

A. 12　0　4　　B. 15　0　4　　C. 12　3　1　　D. 15　3　1

答案：B

分析：

For…Next 循环语句

跟踪程序：外循环执行3次，内循环执行5次，循环体N=N+1，一共执行了3*5=15

次，故 N 的值应当为 15。

值得注意的是，For 循环的控制变量，在每次循环体执行完之后，会自动加循环步长值，直到这个值超出循环语句指定的范围，循环结束。由此可见，循环结束后，I 的值应当为 3＋1＝4，J 的值应当为 1＋(－1)＝0。

8. 下列程序段的执行结果为________。

```
A = 0: B = 1
Do
    A = A + B
    B = B + 1
Loop While A < 10
Print A; B
```

A. 10　5　　B. A　B　　C. 0　1　　D. 10　30

答案：A

9. 设执行以下程序段时依次输入 1、3、5，执行结果为________。

```
Dim a(4) As Integer, b(4) As Integer
For K = 0 To 2
    a(K + 1) = Val(InputBox("请输入数据"))
    b(3 - K) = a(K + 1)
Next K
Print b(K)
```

A. 1

B. 3

C. 5

D. 0

答案：A

分析：

数组、For…Next 循环

跟踪程序段：

以 K 为循环变量的循环共执行 3 次。

第一次：K＝0，a(1)＝Val("1")＝1，b(3)＝a(1)＝1

第二次：K＝1，a(2)＝Val("3")＝3，b(2)＝a(2)＝3

第三次：K＝2，a(3)＝Val("5")＝5，b(1)＝a(3)＝5

循环结束，由于 For…Next 循环每次执行完循环体，循环变量都会等于本身的值加上步长值，所以此时 K＝3，打印 b(3)的值，程序段最终输出的结果为 1。

10. 在窗体上画两个名称分别为 Text1、Text2 的文本框和一个名称为 Command1 的命令按钮，然后编写如下事件过程：

```
Private Sub Command1_Click()
    Dim x As Integer, n As Integer
```

```
    x = 1
    n = 0
    Do While x < 20
        x = x * 3
        n = n + 1
    Loop
    Text1.Text = Str(x)
    Text2.Text = Str(n)
End Sub
```

程序运行后，单击命令按钮，在两个文本框中显示的值分别是________。

A. 15 和 1　　B. 27 和 3　　C. 195 和 3　　D. 600 和 4

答案：B

二、填空题

1. 工程文件和类模块文件的扩展名分别是.vbp、________。

答案：.cls

分析：

工程文件和类模块文件的扩展名分别是.vbp 和.cls。

窗体模块的扩展名是.frm。

2. 下列表达式有错误，正确的写法应该是________。

```
(a + b + c)/80 - 5 ÷ (d + e)
```

答案：(a＋b＋c)/80－5/(d＋e)

3. 以下程序段执行后 y 的值是________。

```
x = 8.6
y = int(x + 0.5)
print y
```

答案：9

4. 在窗体上画一个列表框，然后编写如下两个事件过程：

```
Private Sub Form_Click()
    list1.RemoveItem 1
    list1.RemoveItem 3
    list1.RemoveItem 2
End Sub

Private Sub Form_Load()
    list1.AddItem "itemA"
    list1.AddItem "itemB"
    list1.AddItem "itemC"
    list1.AddItem "itemD"
    list1.AddItem "itemE"
```

```
End Sub
```

运行上面的程序，然后单击窗体，列表框中所显示的项目为 itemA、________。

答案：itemC

分析：

. RemovItem 用于从 ListBox 或 ComboBox 控件中删除一项，或从 MSFlexGrid 控件中删除一行。不支持命名参数。

语法：

```
object.RemoveItem index
```

. AddItem 用于将项目添加到 ListBox 或 ComboBox 控件，或者将行添加到 MSFlexGrid 控件。不支持命名参数。

语法：

```
object.AddItem item, index
```

本题首先在列表框加入 itemA～itemE，然后去掉 itemB，再去掉 itemE，最后去掉 itemD。

5. 执行下面的程序段后，S 的值为________。

```
s = 5
For i = 2.6 To 4.9 Step 0.6
    s = s + 1
Next i
```

答案：9

6. 以下程序的功能是：从键盘上输入若干个数字，当输入负数时结束输入，统计出若干数字的平均值，输出结果。请填空。

```
Private Sub Form_click()
    Dim x, y As Single
    Dim z As Integer
    x = InputBox("Enter a score")
    Do while x >= 0
        y = y + x
        z = z + 1
        x = InputBox("Enter a score")
    Loop
    If z = 0 Then
        z = 1
    End If
    y = ________
    Print y
End Sub
```

答案：y/z

分析：

根据表达式的值有条件地执行一组语句。

语法：

```
If condition Then [statements][Else elsestatements]
```

或者，可以使用块形式的语法：

```
If condition Then
[statements]
[ElseIf condition - n Then
[elseifstatements] ...
[Else
[elsestatements]]
End If
```

当条件为 True 时，或直到条件变为 True 时，重复执行一个语句块中的命令。

语法：

```
Do [{While | Until} condition]
[statements]
[Exit Do]
[statements]
Loop
```

或者可以使用下面这种语法：

```
Do
[statements]
[Exit Do]
[statements]
Loop [{While | Until} condition]
```

本题的循环首先判断输入是否大于 0，如果是，则处理这个输入，否则结束循环。循环体内的第二个判断语句判断的是当前输入是否比当前的最小值小，如果是，则改写当前最小值为输入值，否则结束判断语句。

7. 程序执行结束，s 的值是________。

```
Private Sub Command1_Click()
    i = 0
    Do
        s = i + s
        i = i + 1
    Loop Until i >= 4
    Print s
End Sub
```

答案：6

8. 表达式 Fix(－32.68)＋Int(－23.02)的值为________。

答案：－56

分析：

Fix 函数：

返回参数的整数部分，其类型和参数相同。

语法：

```
Int(number)
Fix(number)
```

必要的 number 参数是 Double 或任何有效的数值表达式。如果 number 包含 Null，则返回 Null。

Int 函数：

返回参数的整数部分，其类型和参数相同。

语法：

```
Int(number)
Fix(number)
```

必要的 number 参数是 Double 或任何有效的数值表达式。如果 number 包含 Null，则返回 Null。

9. 执行下面的程序段后，b 的值为________。

```
a = 300
B = 20
a = a + B
B = a - B
a = a - B
```

答案：300

10. 下面的程序用“冒泡”法将数组 a 中的 10 个整数按升序排列，请将程序补充完整。

```
Option Base 1
Private Sub Command1_Click()
    Dim a
    a = Array(678, 45, 324, 528, 439, 387, 87, 875, 273, 823)
    For i = 1 To 9
        For j = ______ to 10
            If a(i)> = a(j)Then
                a1 = a(i)
                a(i) = a(j)
                a(j) = a1
            End If
        Next j
    Next i
    For i = 1 To 10
```

```
        Print a(i)
    Next i
End Sub
```

答案：i+1

分析：

最外层的循环负责从第一个元素到第九个元素中取出一个，内层循环负责将从外层循环取出的元素与其后继所有元素比较，如果比外层循环取出者小，则将二者的位置对换。

11. 在窗体上画一个命令按钮，然后编写如下程序：

```
Function fun(ByVal num As Long) As Long
    Dim k As Long
    k = 1
    num = Abs(num)
    Do While num
        k = k * (num Mod 10)
        num = num \ 10
    Loop
    fun = k
End Function

Private Sub Command1_Click()
    Dim n As Long
    Dim r As Long
    n = InputBox("请输入一个数")
    n = CLng(n)
    r = fun(n)
    Print r
End Sub
```

程序运行后，单击命令按钮，在输入对话框中输入 345，输出结果为________。

答案：60

12. 在窗体上画两个文本框，其名称分别为 Text1 和 Text2，然后编写如下事件过程：

```
Private Sub Form_Load()
    Show
    Text1.Text = ""
    Text2.Text = ""
    Text2.SetFocus
End Sub

Private Sub Text2_KeyDown(KeyCode As Integer, Shift As Integer)
    Text1.Text = Text1.Text + Chr(KeyCode - 4)
End Sub
```

程序运行后，如果在 Text2 文本框中输入 efghi，则 Text1 文本框中的内容为________。

答案：ABCDE

13. 执行以下程序段，并输入1.23，则程序的输出结果应是________。

```
N = Str(InputBox("请输入一个实数: "))
p = InStr(N, ".")
Print Mid(N, p)
```

答案：.23

分析：

InStr函数、Mid函数。

InStr([首字符位置]字符串1，字符串2[，n])用来在"字符串1"中查找"字符串2"，如果找到，则返回"字符串2"的第一个字符在"字符串1"中的位置。

如果带有参数"首字符位置"，则从该位置开始查找，否则从"字符串1"的起始位置查找。可选参数n用来指定字符串比较方式，可以取0、1或2。如为0，则在比较时区分大小写；如为1，则在比较时忽略大小写；如为2，则基于数据库中包含的信息进行比较。

Mid(字符串，p，n)函数用来在"字符串"中从第p个字符开始，向后截取n个字符。如果省略参数n，则从第p个字符开始，向后截取到字符串的末尾。

跟踪程序：

```
n = "1.23"
p = InStr(n,".") = InStr("1.23",".")
p = 2
```

所以，Mid("1.23",2)所截取的字符是：.23。

最终的输出结果是：.23。

14. 在窗体上画一个命令按钮，然后编写如下事件过程：

```
Private Sub Command1_Click()
    For i = 1 To 4
        x = 4
        For j = 1 To 3
            x = 3
            For k = 1 To 2
                x = x + 6
            Next k
        Next j
    Next i
    Print x
End Sub
```

程序运行后，单击命令按钮，输出结果是________。

答案：15

分析：

观察程序，由于每次执行第二层循环时x都被重新赋值，因此只要看当x=3时，执行第三层循环所得到的结果就可以。

k=1,x=x+6=3+6=9

k=2,x=x+6=9+6=15

最终的输出结果是：15。

15. 在窗体上画一个命令按钮，然后编写如下事件过程：

```
Option Base 1
Private Sub Command1_Click()
    Dim a
    a = Array(1, 2, 3, 4)
    j = 1
    For i = 4 To 1 Step -1
        s = s + a(i) * j
        j = j * 10
    Next i
    Print s
End Sub
```

运行程序，单击命令按钮，其输出结果是________。

答案：1234

分析：

跟踪程序：

由 a=Array(1,2,3,4)可知：

```
a(1) = 1
a(2) = 2
a(3) = 3
a(4) = 4
```

执行循环体：

```
s = s + a(i) * j = a(4) * 1 = 4, j = j * 10 = 10
s = s + a(i) * j = 4 + a(3) * 10 = 34, j = j * 10 = 100
s = s + a(i) * j = 34 + a(2) * 100 = 234, j = j * 10 = 1000
s = s + a(i) * j = 234 + a(1) * 1000 = 1234, j = j * 10 = 10000
```

最终的输出结果是：1234。

16. 以下语句的输出结果是________：

```
Print Format $ (8795.5,"000,000.00")
```

答案：008,795.50

17. 在窗体上画两个列表框，其名称分别为 List1 和 List2，然后编写如下程序：

```
Private Sub Form (___1___)
    List1.AddItem "语文"
    List1.AddItem "数学"
    List1.AddItem "物理"
```

```
        List1.AddItem "化学"
        List1.AddItem "英语"
        List1.AddItem "政治"
    End Sub

    Private Sub List1_DblClick()
        List2.AddItem List1.list (    2    )
        List1.RemoveItem List1.ListIndex
    End Sub

    Private sub List2_DblClick()
        List1.AddItem List2.list (    3    )
        List2.RemoveItem List2.ListIndex
    End Sub
```

该程序的功能是：程序运行后在左侧列表框中显示各科目的名字，如果双击该列表框中的某个科目，则该科目从该表框中消失，并移到右列表框中；如果双击右侧列表框中的某个科目，则该科目从该列表框中消失，并移向左侧列表框中。请将程序补充完整。

答案： 1. Load＃Activate＃Initialize＃Resize

2. List1. ListIndex

3. List2. ListIndex

18. 以下程序用于在带垂直滚动条的文本框 Text1 中输出 3～100 的全部素数。

```
Private Sub Command1_Click()
    Text1.Text = ""
    For N = 3 To 100
        k = Int(Sqr(N))
        i = 2
        Flag = 0
        Do While I <= ____1____ And Flag = 0
            If N Mod i = 0 Then Flag = 1 Else i = i + 1
        Loop
        If ____2____ Then
            Text1.Text = Text1.Text & Chr(13) & Chr(10) & N
        End If
    Next N
End Sub
```

答案： 1. K

2. Flag＝0

19. 下面的程序用于根据文本框 X 中输入的内容进行以下处理：如果 X. Text 的值不是 2、4、6，则打印“X 不在范围内”。

```
Private Sub Command1_Click()
    Select Case Val(x.Text)
```

```
        Case 2
            Print "X的值为 2"
        Case ___1___
            Print "X的值为 4"
        Case ___2___
            Print "X的值为 6"
        ___3___
            Print "X不在范围内"
    End Select
End Sub
```

答案： 1. 4

2. 6

3. Case Else

20. 假定建立了一个工程，该工程包括两个窗体，其名称(Name 属性)分别为 Form1 和 Form2，启动窗体为 Form1。在 Form1 上画一个命令按钮 Command1，程序运行后，要求当单击该命令按钮时，Form1 窗体消失，显示窗体 Form2，请将下面的程序补充完整。

```
Private Sub Command1_Click()
    ___1___ Form1
    Form2.___2___
End Sub
```

答案： 1. Unload

2. Show

三、操作题

1. 请根据以下各小题的要求设计 Visual Basic 应用程序(包括界面和代码)。

(1) 在名称为 Form1 的窗体上用名称为 shape1 的形状控件画一个长、宽都为 1200 的正方形。请设置适当的属性满足以下要求：

① 窗体的标题为“正方形”，窗体的最小化按钮不可用；

② 正方形的边框为虚线(线型不限)。运行后的窗体如图 10 所示。

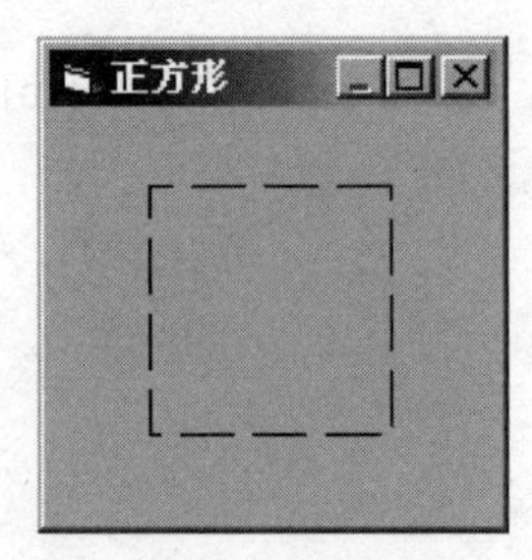

图 10 正方形效果图

注意：存盘时必须存放在考生文件夹下，工程文件名为 sj116.vbp，窗体文件名为 sj116.frm。

（2）在名称为 Form1 的窗体上，画一个名称为 Label1 的标签，其标题为“计算机等级考试”，显示为宋体 12 号字，且能根据标题内容自动调整标签的大小。再画两个名称分别为 Command1、Command2，标题分别为“放大”、“还原”的命令按钮。运行程序后的窗体如图 11 所示。

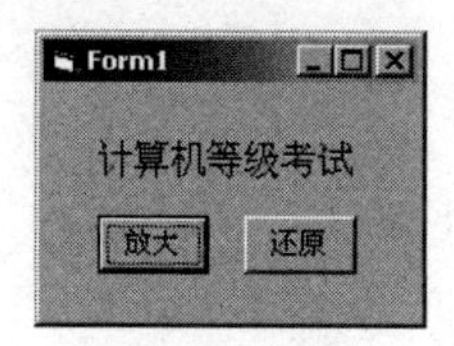

图 11　效果图

要求：

编写适当的事件过程，使得单击“放大”按钮，Label1 中所显示的标题内容自动增大 2 个字号；单击“还原”按钮，Label1 中所显示的标题内容自动恢复到 12 号字。

注意：要求程序中不得使用变量，每个事件过程中只能写一条语句。存盘时必须存放在考生文件夹下，工程文件名为 sj117.vbp，窗体文件名为 sj117.frm。

分析：

第 1 小题：

本题主要考查形状控件的 Width、Height 和 BorderStyle 属性，同时考查窗体的 Caption 和 MinButton 属性。

Width：设置对象的宽度。

Height：设置对象的高。

BackStyle：设置边框类型。

Caption：设置标题。

MinButton：设置窗体最小化按钮是否可用。

本题各控件属性设置如下：

控件名	属性	属性值
Shape1	Width	1200
Shape1	Height	1200
Shape1	BackStyle	2-Dash
Form1	Caption	正方形
Form1	MinButton	False

第(2)小题：

本题主要考查标签控件的 Caption、Font 和 AutoSize 属性，同时考查命令按钮的 Caption 属性。

Font：修改字体、字号的属性。

AutoSize：控制对象自动调整大小以适应所包含的内容。如果将 AutoSize 属性设置为 True，那么控件就会随文字大小的变化而自动变化，始终能够显示文字内容。

本题各控件属性设置如下：

控件名	属性	属性值
Label1	Caption	计算机等级考试
Label1	Font	宋体、12 号
Label1	AutoSize	True
Command1	Caption	放大
Command2	Caption	还原

"放大"按钮需要编写的代码如下：

```
Private Sub Command1_Click()
    Label1.FontSize = Label1.FontSize + 2
End Sub
```

"还原"按钮需要编写的代码如下：

```
Private Sub Command2_Click()
    Label1.FontSize = 12
End Sub
```

2. 请根据以下各小题的要求设计 Visual Basic 应用程序(包括界面和代码)。

(1) 在名称为 Form1 的窗体上画一个名称为 C1、标题为"改变颜色"的命令按钮，窗体标题为"改变窗体背景色"。编写程序，使得单击命令按钮时，将窗体的背景颜色改为红色(&HFF&)。运行程序后的窗体如图 12 所示。

图 12 窗体背景颜色改变效果图

要求：

程序中不得使用变量，每个事件过程中只能写一条语句。存盘时必须存放在考生文件夹下，工程文件名为 sj106.vbp，窗体文件名为 sj106.frm。

(2) 在名称为 Form1 的窗体上画一个名称 Shape1 的形状控件，在属性窗口中将其设置为圆形。画一个名称为 List1 的列表框，并在属性窗口中设置列表项的值分别为 1、2、3、4、5。将窗体的标题设为"图形控件"。单击列表框中的某一项，则将所选的值作为形状控件的填充参数。例如，选择 3，则形状控件中被竖线填充。图形控件效果图如图 13 所示。

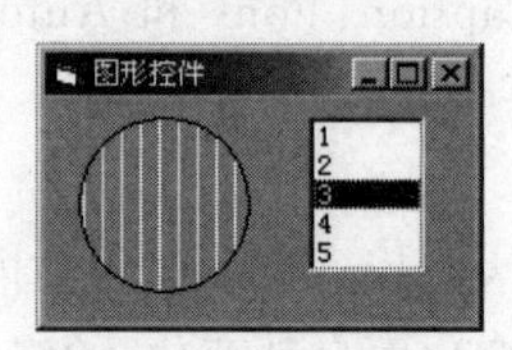

图 13 图形控件效果图

要求：

程序中不得使用变量，每个事件过程中只能写一条语句。存盘时必须存放在考生文件夹下，工程文件名为 sj107.vbp，窗体文件名为 sj107.frm。

分析：

第(1)小题：

本题主要考查 Form 控件的 BackColor 属性。新建一个名为 Form1 的窗体，单击工具箱中的 CommandButton 控件图标，然后在窗体上画一个命令按钮，名称为 C1，通过属性窗口设置 CommandButton 控件的 Caption 属性。

BackColor 属性用于设置对象中文本和图形的背景颜色。在 Command 控件中，可以通过 Click 事件来改变控件的背景颜色，Command 控件的 Click 事件过程为：

```
Private Sub C1_Click()
    Form1.BackColor = &HFF&
End Sub
```

按要求保存文件即完成本题。

第(2)小题：

本题主要考查 Shape 控件和 List 控件的设计。

在 Shape 控件中，可以用 FillStyle 属性设置图形的填充图案，0：透明，2：虚线，3：点线，4：点画线，5：双点画线，6：内实线。

ListBox 控件的使用方法，在 ListBox 中选择一项将触发其 Click 事件，同时将 text 的属性设置为选中项的内容。在 ListBox 控件中，Text 属性表示最后选中列表项的内容。可用“控件名.Text”的形式指出当前 ListBox 中选中的项的内容。

List 控件的 Click 事件过程为：

```
Private Sub List1_Click()
    Shape1.FillStyle = List1.Text
End Sub
```

按要求保存文件即完成本题。

3. 请根据以下各小题的要求设计 Visual Basic 应用程序(包括界面和代码)。

(1) 在名称为 Form1 的窗体上画一个名称为 List1 的列表框，通过属性窗口输入 4 个列表项：数学、物理、化学、语文，列表框效果图如图 14 所示。

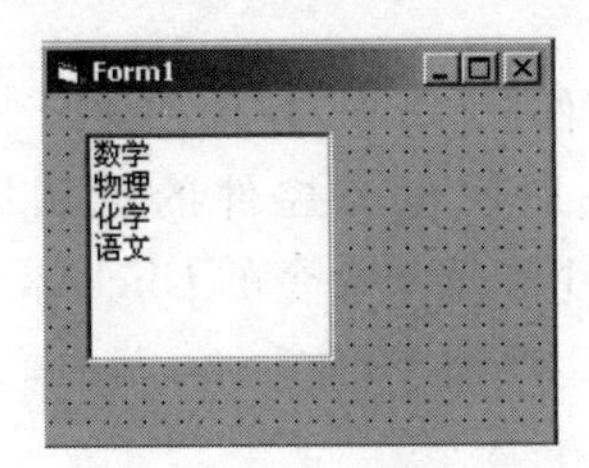

图 14 列表框效果图

请编写适当的事件过程使得在装入窗体时，把最后一个列表项自动改为“英语”；单击窗体时，删除最后一个列表项。

注意：要求程序中不得使用变量，每个事件过程中只能写一条语句。

存盘时必须存放在考生文件夹下，工程文件名为 sj91. vbp，窗体文件名为 sj91. frm。

(2) 在名称为 Form1 的窗体上画一个名称为 Sha1 的形状控件，然后建立一个菜单，标题为"形状"，名称为 shape0，该菜单有两个子菜单，其标题分别为"正方形"和"圆形"，其名称分别为 shape1 和 shape2，如图 15 所示，然后编写适当的程序。程序运行后，如果选择"正方形"菜单项，则形状控件显示为正方形；如果选择"圆形"菜单项，则窗体上的形状控件显示为圆形。

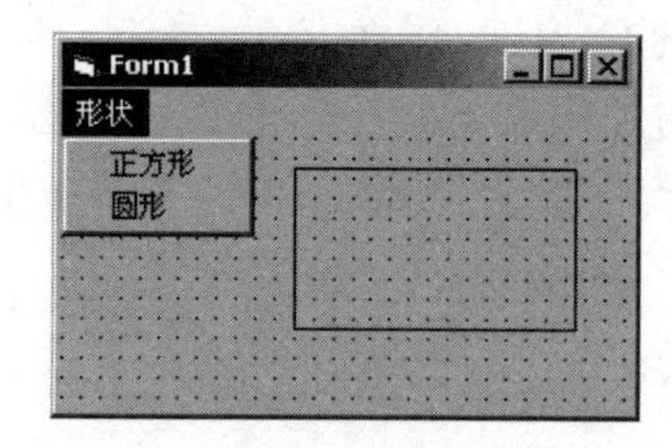

图 15　菜单效果图

注意：程序中不能使用变量，每个事件过程中只能写一条语句。保存时必须存放在考生文件夹下，工程文件名为 sj92. vbp，窗体文件名为 sj92. frm。

分析：

第(1)小题：

本题主要考查 ListBox 控件的 List、ListCount 属性以及 RemoveItem 方法的使用。List 属性用来设置或返回列表框中当前选中的列表项、保存列表内容等，其语法为：列表框名. List(列表项序号)，列表项序号由上到下依次为 0，1，2，3，…ListCount 属性返回列表项数目。列表框的 RemoveItem 方法用来删除列表框中的指定项目，其语法为：

```
列表框名.RemoveItem 索引值
```

打开代码窗口，输入如下的代码：

```
Private Sub Form_Click()
    List1.RemoveItem List1.ListCount - 1
End Sub
```

按要求保存文件即完成本题。

第(2)小题：

本题主要考查 Shape 形状控件和 Menu 控件的设计。在 Shape 控件中，可以用 Shape 属性来改变控件的形状，同时该属性也为控件的默认属性。在 Menu 控件中，可以用 Caption 属性来改变菜单标题，两个子菜单命令的 Click 事件过程分别为：

```
Private Sub shape1_Click()
Sha1.Shape = 1
```

4. 请根据以下各小题的要求设计 Visual Basic 应用程序(包括界面和代码)。

(1) 在名称为 Form1 的窗体上画一个名称为 Picture1 的图片框(PictureBox)，高、宽均为 1000。在图片框内再画一个有边框的名称为 Image1 的图像框(Image)，并通过属性窗口把考生文件夹下的图标文件 Point11(香蕉图标)装入图像框 Image1 中,如图 16 所示。

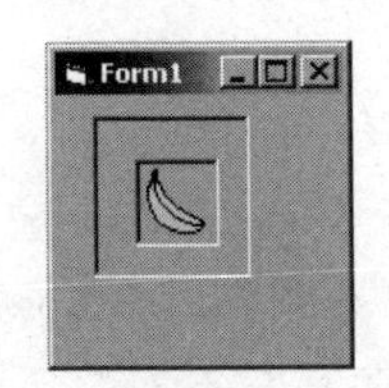

图 16 图像框效果图

注意:存盘时必须存放在考生文件夹下,工程文件名为 sj102.vbp,窗体文件名为 sj102.frm。

(2) 在名称为 Form1 的窗体上画一个名称为 Shape1 的形状控件,画两个名称分别为 Command1、Command2,标题分别为"圆形""红色边框"的命令按钮。将窗体的标题设置为"图形控件",如图 17(a)所示。请编写适当的事件过程使得在运行时,单击"圆形"按钮将形状控件设为圆形。单击"红色边框"按钮,将形状控件的边框颜色设为红色(&HFF&),如图 17(b)所示。

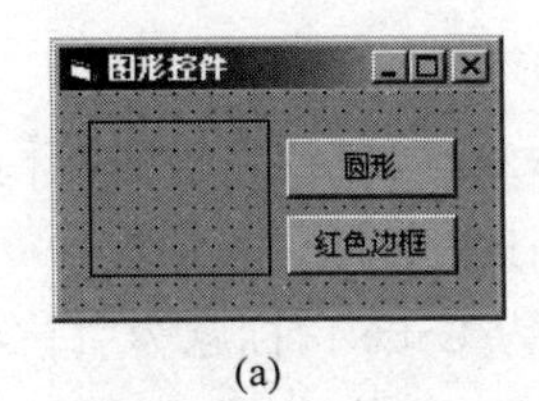

(a)

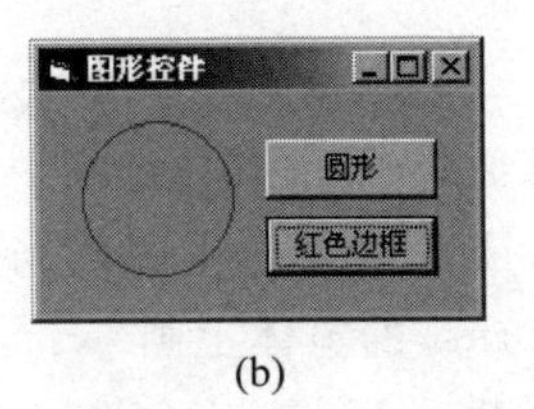

(b)

图 17 图形控件效果图

注意:要求程序中不得使用变量,每个事件过程中只能写一条语句。

存盘时必须存放在考生文件夹下,工程文件名为 sj103.vbp,窗体文件名为 sj103.frm。

分析:

第(1)小题:

本题主要考查 Picture 控件的 Height 属性和 Width 属性。通过 Height 属性可以返回/设置对象的高度,通过 Width 属性可以返回/设置对象的宽度。Image1 控件的 picture 属性,通过 picture 属性可以返回/设置控件中显示的图形。Image1 控件的 BorderStyle 属性可以返回/设置控件的边框的类型。当 BorderStyle 的值为 0 时,Image1 控件无边框;当 BorderStyle 的值为 1 时,Image1 控件有边框。

第(2)小题:

本题主要考查 Shape 形状控件和 Command 控件的设计。在 Shape 控件中,可以用 Shape 属性来改变控件的形状,可以用 BorderColor 属性来改变边框的颜色。在 Command 控件中,可以通过 Click 事件来改变控件的形状和边框的颜色,两个 Command 控件 Click 事件过程分别为:

```
Private Sub Command1_Click()
    Shape1.Shape = 3
End Sub

Private Sub Command2_Click()
```

```
    Shape1.BorderColor = &HFF&
End Sub
```

按要求保存文件即完成本题。

5. 请根据以下各小题的要求设计 Visual Basic 应用程序(包括界面和代码)。

(1) 在名称为 Form1 的窗体上画一个名称 Shape1 的形状控件,画一个名称为 L1 的列表框,并在属性窗口中设置列表项的值为 1、2、3、4、5。将窗体的标题设为“图形控件”。单击列表框中的某一项,则按照所选的值改变形状控件的形状。例如,选择 3,则形状控件被设为圆形,如图 18 所示。

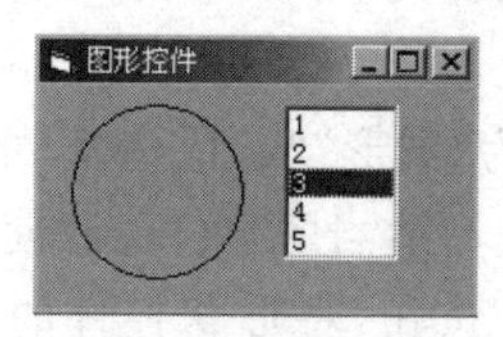

图 18 运行效果图

要求:

程序中不得使用变量,每个事件过程中只能写一条语句。存盘时必须存放在考生文件夹下,工程文件名为 sj120.vbp,窗体文件名为 sj120.frm。

(2) 在名称为 Form1 的窗体上画一个名称为 Label1,标题为“口令”的标签;画一个名称为 Text1 的文本框;再画三个命令按钮,名称分别为 Command1、Command2、Command3,标题分别为“显示口令”“隐藏口令”“重新输入”。

程序运行时,在 Text1 中输入若干字符,单击“隐藏口令”按钮,则只显示同样数量的 *(如图 19(b)所示);单击“显示口令”按钮,则显示输入的字符(如图 19(a)所示),单击“重新输入”按钮,则清除 Text1 中的内容,并把光标定位到 Text1 中。

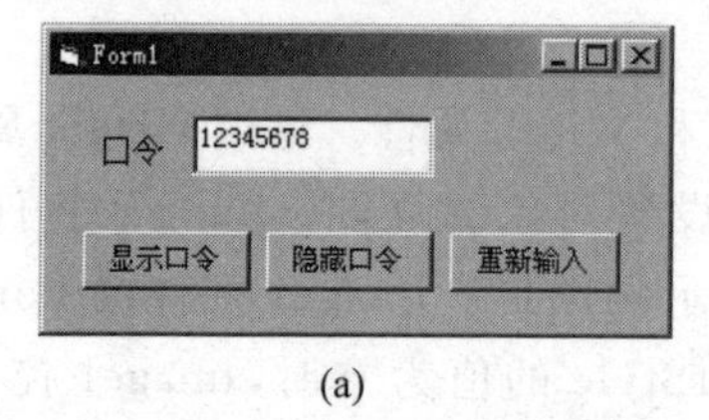

(a)

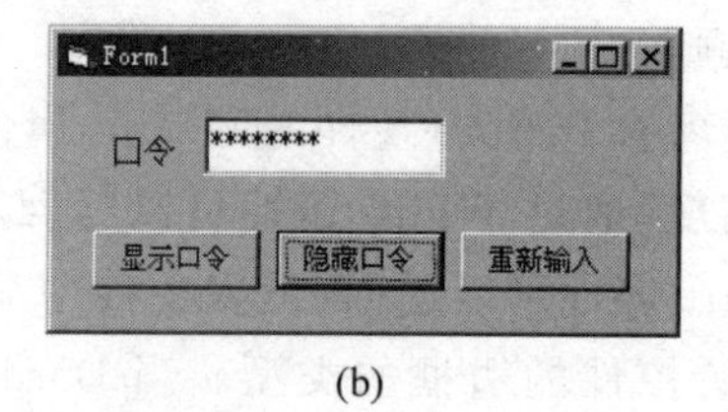

(b)

图 19 密码运行图

要求:

请画出所有控件,编写命令按钮的 Click 事件过程,程序中不得使用变量,在“显示口令”“隐藏口令”按钮的 Click 事件过程中只能写一条语句。

存盘时必须存放在考生文件夹下,工程文件名为 sj121.vbp,窗体文件名为 sj121.frm。

分析:

第(1)小题:

新建一个工程,在窗体上添加一个形状控件 Shape1;再在窗体上添加一个列表框 List1,将其 Name 属性设置为 L1,在其 List 属性中输入 1、2、3、4、5;将窗体 Form1 的 Caption 属性设置为“图形控件”。在代码窗口中输入如下代码:

```
Private Sub L1_Click()
Shape1.Shape = L1.ListIndex + 1
End Sub
```

按照题目要求保存文件即可。

第(2)小题：

新建一个工程，在窗体上添加一个标签 Label1，设置其 Caption 属性为“口令”；在窗体上添加一个文本框 Text1；再在窗体上添加三个命令按钮 Command1、Command2、Command3，设置其 Caption 属性分别为“显示口令”“隐藏口令”“重新输入”。在代码窗口中输入如下代码：

```
Private Sub Command1_Click()
Text1.PasswordChar = ""
End Sub
Private Sub Command2_Click()
Text1.PasswordChar = "*"
End Sub
Private Sub Command3_Click()
Text1.Text = ""
Text1.SetFocus
End Sub
```

按照题目要求保存文件即可完成本题。

6. 请根据以下各小题的要求设计 Visual Basic 应用程序(包括界面和代码)。

(1) 在名称为 Form1 的窗体上画一个名称为 Hscroll1 的水平滚动条，其刻度范围为 1～100；再画一个名称为 Text1 的文本框，初始内容为 1。程序开始运行时，焦点在滚动条上。请编写适当的事件过程，使得程序运行时，文本框中实时显示滚动框的当前位置。运行情况如图 20 所示。

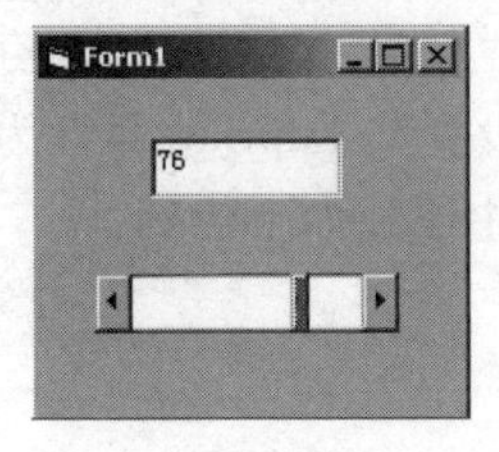

图 20　效果图

注意：要求程序中不得使用变量，每个事件过程中只能写一条语句。

存盘时必须存放在考生文件夹下，工程文件名为 sj122.vbp，窗体文件名为 sj122.frm。

(2) 在名称为 Form1 的窗体上建立一个名称为 menu1、标题为“文件”的弹出式菜单，含有三个菜单项，它们的标题分别为“打开”、“关闭”和“保存”，名称分别为 m1、m2、m3。再画一个命令按钮，名称为 Command1、标题为“弹出菜单”。要求：编写命令按钮的 Click 事件过程，使程序运行时，单击“弹出菜单”按钮可弹出“文件”菜单(如图 21 所示)。

注意：程序中不得使用变量，事件过程中只能写一条语句。

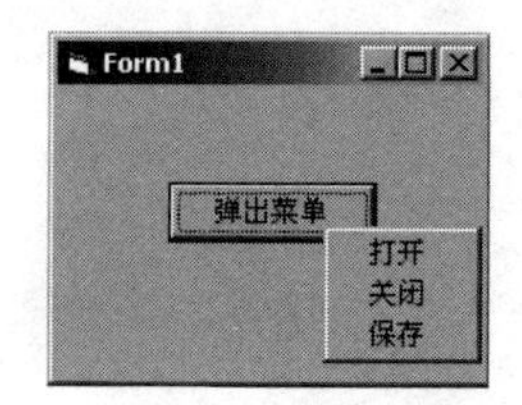

图 21　菜单弹出效果图

存盘时必须存放在考生文件夹下，工程文件名为 sj123. vbp，窗体文件名为 sj123. frm。

分析：

第(1)小题：

新建一个工程，在窗体上添加一个水平滚动条 HScroll1，并将其 Max 属性设置为 100，Min 属性设置为 1；再在窗体上添加一个文本框 Text1，设置其 Text 属性为 1。在代码窗口中输入如下代码：

```
Private Sub Form_Activate()
HScroll1.SetFocus
End Sub
Private Sub HScroll1_Change()
Text1.Text = HScroll1.Value
End Sub
```

按照题目要求保存文件即可。

第(2)小题：

新建一个工程 sjt2. vbp，打开其中的 Form1 窗体，执行"工具"菜单中的"菜单编辑器"命令，打开菜单编辑器。在"名称"栏中输入 menu1，在"标题"栏中输入"文件"，将 Visible 属性前的对号去掉；单击"下一个"按钮，再单击编辑区的"→"按钮，然后在"标题"栏中输入"打开"，在"名称"栏中输入 M1；单击"下一个"按钮，在"标题"栏中输入"关闭"，在"名称"栏中输入 M2；单击"下一个"按钮，在"标题"栏中输入"保存"，在"名称"栏中输入 M3。在窗体上添加一个命令按钮 Command1，设置其 Caption 属性为"弹出菜单"。

在命令按钮的 Click 事件过程中添加如下代码：

```
Private Sub Command1_Click()
PopupMenu menu1
End Sub
```

按要求保存文件即完成本题。

参考文献

[1] 龚沛曾，陆慰民，杨志强．Visual Basic 程序设计教程(6.0 版)．北京：高等教育出版社，2001.
[2] 罗朝盛．Visual Basic 6.0 程序设计教程．3 版．北京：人民邮电出版社，2009.

图书资源支持

感谢您一直以来对清华版图书的支持和爱护。为了配合本书的使用，本书提供配套的资源，有需求的读者请扫描下方的"书圈"微信公众号二维码，在图书专区下载，也可以拨打电话或发送电子邮件咨询。

如果您在使用本书的过程中遇到了什么问题，或者有相关图书出版计划，也请您发邮件告诉我们，以便我们更好地为您服务。

我们的联系方式：

地　　址：北京市海淀区双清路学研大厦 A 座 701

邮　　编：100084

电　　话：010－62770175－4608

资源下载：http://www.tup.com.cn

客服邮箱：tupjsj@vip.163.com

QQ：2301891038（请写明您的单位和姓名）

资源下载、样书申请

书圈

扫一扫，获取最新目录

用微信扫一扫右边的二维码，即可关注清华大学出版社公众号"书圈"。